Jörg Hajt

BULLI

VW-Bus-Träume von T1 bis T3

Impressum

HEEL Verlag GmbH
Gut Pottscheidt
53639 Königswinter
Telefon 0 22 23 / 92 30-0
Telefax 0 22 23 / 92 30 26
Mail: info@heel-verlag.de
Internet: www.heel-verlag.de

© 2019: HEEL Verlag GmbH, Königswinter

Verantwortlich für den Inhalt:
Jörg Hajt

Lektorat:
Jürgen Schlegelmilch

Titelbild:
Kimball Stock

Fotonachweis:
Jörg Hajt, außerdem Auto-Medienportal.Net (S. 225); Lufthansa (S.48);
J. Schlegelmilch (S. 12, 14, 212, 224 unten); Bausparkasse Schwäbisch Hall AG (S.77)

Besonderer Dank geht an die Bullikartei e.V. und die Interessengemeinschaft T2 e.V.
und ihrer Mitglieder für die Bereitstellung ihrer Fahrzeuge sowie Alexander Prinz
und der Volkswagen AG für die freundliche Unterstützung.

Lithographie, Satz und Gestaltung:
Ralf Kolmsee, F5 Mediengestaltung, Bonn

Alle Angaben ohne Gewähr, Irrtümer vorbehalten

Printed in Italy

ISBN: 978-3-95843-897-2

Jörg Hajt

BULLI

VW-Bus-Träume von T1 bis T3

HEEL

Inhalt

Vorwort

Als die Volkswagen G.m.b.H. im November 1949 ihren ersten Kleintransporter präsentiert, ahnt sicherlich kaum jemand, dass dieses nur 4150 mm kurze Raumwunder aus Wolfsburg die Entwicklung einer ganzen Generation universell einsetzbarer Kleinbusse begründen wird. Das als Kastenwagen, Kleinbus und Pritschenwagen lieferbare Käfer-Derivat, werksintern als Typ 2 bezeichnet, leistet sofort einen nicht unerheblichen Beitrag zur Motorisierung unzähliger Dienstleistungs- und Handwerksbetriebe, und gilt deshalb nicht ohne Grund als eines der stilprägenden Symbole des deutschen Wirtschaftswunders.

Auch 70 Jahre nach seinem Stapellauf hat der „Bulli", wie der Volkswagen-Transporter nicht nur von seiner rund um den Globus verteilten Fangemeinde genannt wird, nichts von seiner enormen Faszination verloren, und so erfreuen sich heute die klassischen Heckmotormodelle mehr denn je einer stetig wachsenden Popularität und Wertsteigerung. Vor allem die in vergleichsweise geringeren Stückzahlen gebauten T1-Sonderausführungen wie der Sambabus und der Westfalia-Campingwagen, erreichen inzwischen Verkaufspreise von 100.000,- und mehr Euro, und unterstreichen damit eindrucksvoll, dass auch ein ursprünglich für den Massenmarkt konzipierter Volkswagen im Konzert der renditestärksten Oldtimer mitspielen kann.

Das gilt auch für die Nachfolger T2 und T3, die zwar noch nicht in die preislichen Sphären des Ur-Bullis vordringen können, aber inzwischen ebenfalls zu gesuchten Klassikern mit vergleichsweise großem Wertsteigerungspotential gereift sind.

Die Absicht des vorliegenden Buches ist es, neben einem kompakten historischen Abriss der Geschichte dieser Fahrzeuge, einen fotografischen Überblick über die subjektiv schönsten oder technisch interessantesten erhalten gebliebenen T1, T2 und T3 zu geben. Dabei finden auch ganz bewusst Exemplare eine Berücksichtigung, die heute von ihrem ursprünglichen Auslieferungszustand abweichen. Die Vorstellung der ausgewählten Modelle erfolgt dabei geordnet nach Typ und Verwendungszweck.

Der Dank des Autors geht an dieser Stelle an alle Institutionen und Volkswagen-Freunde, die durch die Überlassung von Informations- oder Bildmaterial zur Entstehung des Buches beigetragen haben. Vielen Dank auch allen, die ihr Fahrzeug für Fotoaufnahmen zur Verfügung gestellt haben.

Jörg Hajt

Wattenscheid, im März 2019

Einleitung

VW BUS

Einleitung – Faszination Bulli

Unzählige Oldtimerfreunde haben bereits darüber sinniert, wieso gerade vom VW Bus eine derart große Faszination ausgeht, während seine damaligen Konkurrenten in der öffentlichen Wahrnehmung heute eher ein Schattendasein führen. Eine verbindliche Antwort fällt auch an dieser Stelle schwer und so kann nur darüber spekuliert werden, warum gerade der Bulli neben dem Käfer zum wohl kultigsten deutschen Automodell aufsteigen konnte.

Zum einen spielt sicherlich der klassenlose Charme des VW-Transporters eine große Rolle. Als Sambabus oder in der Luxusausführung war er als standesgemäßes Reisefahrzeug ebenso opportun wie als hemdsärmeliger Kipper auf Baustellen oder als kombinierter Familien- und Kleinlastwagen in Gärtnereien oder auf Wochenmärkten. In der Automobilgeschichte besitzt der Bulli daher fast schon revolutionäres Potenzial. Erfolgreiche Geschäftsleute und Showgrößen bewegten ihn ebenso mit großem Vergnügen über die Straßen dieser Welt, wie Otto Normalverbraucher auf seiner täglichen Fahrt ins Büro oder in die Fabrik. Ein altgedienter Automobiljournalist sagte einmal über den Käfer, dass dieser das Autofahren demokratisiert habe. Für den VW Transporter kann diese Einschätzung wohl uneingeschränkt übernommen werden.

Zum anderen besitzen T1 und T2 auch heute noch alle deutschen Tugenden, die ihre Anschaffung als ebenso nützliche wie langfristige Investition rechtfertigen. Der VW-Transporter ist praktisch und schlicht zugleich. Seine Form ist zeitlos und einprägsam. Häufig reicht schon ein Fahrzeugdetail aus, um ihn aus der automobilen Masse heraus identifizieren zu können. Die Zuverlässigkeit ist sprichwörtlich und kleine Macken machten ihn schon zu „Lebzeiten" zu einem eher liebenswerten, denn perfekten Fortbewegungsmittel. Seine Funktionalität steht auch nach über 50 Jahren nicht hinter der moderner Fahrzeuge zurück und seine enge Verwandtschaft zum Käfer sorgt auch dann noch für neidlose Blicke der Nachbarn, wenn sein Marktwert längst in Dimensionen moderner Oberklasselimousinen vorgedrungen ist. Zudem hat sich sein Erscheinungsbild zwischen 1949 und 1979 nur unwesentlich verändert, was nicht nur für einen hohen Erkennungswert sorgt, sondern auch Beständigkeit im oft allzu hektischen Autoalltag suggeriert. Wo beispielsweise ein betagter Ford Transit mal als Frontlenker und mal als Haubenfahrzeug nur vom geschulten Auge als solcher zu erkennen ist, geben T1 und T2 auch automobilen Laien bis heute keine Rätsel auf. Ihre einst massenhafte Verbreitung als Post-, Kommunal- oder Verkaufswagen weckt zudem Erinnerungen an die eigene Kindheit oder Jugend, als das sehnsüchtig erwartete Paket der Großtante mit einem gelben VW-Transporter zugestellt

wurde oder der Eismann mit seinem zum Verkaufswagen umgebauten Hochdachbus im Sommer pünktlich um 15 Uhr durch die Siedlung fuhr. Doch auch in Ausbildung oder Studium waren T1 und T2 nahezu omnipräsent. In Ermangelung eines eigenen fahrbaren Untersatzes war es nicht selten der VW-Transporter des Meisters, mit dem

1950

Einer der weltweit ältesten erhaltenen VW-Transporter aus Serienproduktion ist dieses Exemplar mit Chassis-Nummer 20-01502. Am 11. Juli 1950 aus der Fertigungs-halle in Wolfsburger gerollt, wurde der Kastenwagen an die Firma Hartl in Regensburg übergeben. Der damalige Anschaffungspreis belief sich auf 5850 Mark. Nach der umfangreichen Restaurierung bei Volkswagen (1998-2000), erfolgte dort die Lackierung in den Farben des Limonaden-herstellers „Sinalco" („sine alcohol" = ohne Alkohol).
Foto: Stiftung AutoMuseum Volkswagen

der Führerscheinneuling die erste Runde durch seinen Heimatort drehen durfte. Und auch in intellektuellen Kreisen besaß der Bulli spätestens seit 1968 Kultstatus. In den Semesterferien ging es mit dem knallbunt lackierten Fensterbus und einer ebenso bunten Schar gleichgesinnter Kommilitonen zu

mit persönlichen Erinnerungen und sein Fahrer nicht selten Adressat eines nostalgischen Mitteilungsbedürfnisses. Das Repertoire reicht dabei von „Mein Vater fuhr den gleichen Bus" bis hin zu detaillierten Erzählungen aus dem Familien- oder Berufsleben, wobei hin und wieder auch ein vergilbtes

Auch nach 50 Jahren dient dieser T1 seiner ursprünglichen Verwendung als Transporter für Gewerbetreibende, wie hier anlässlich der jährlich veranstalteten Classic Days auf Schloss Dyck in der Nähe von Mönchengladbach.

einer bewusstseinserweiternden Spritztour an den Bosporus, wo das Fahrwerk nicht nur auf den ungeteerten Straßen seinen enormen Federungskomfort unter Beweis stellen musste ... Ganz zu schweigen von den legendären Hippie-Trails, die Bus und Mannschaft nach Afghanistan, Indien oder an die US-amerikanische Westküste führten. Vielleicht mit Ausnahme des Citroën 2 CV, verkörperte der Bulli wie kein anderes Auto „Peace and Happiness" in Reinkultur. Kein Wunder also, dass sich sowohl T1 als auch T2 in den Köpfen der Menschen eingeprägt haben. Wie schon der Käfer, ist auch der VW-Transporter nahezu überladen

Schwarz-Weiß-Foto aus der Geldbörse geholt wird, das den Gesprächspartner mit stolzgeschwellter Brust vor dem damals neuen Familienbus oder beim Abladen von irgendwelchen Ladegütern zeigt.

Aber auch denjenigen, die niemals selbst einen VW Bus besessen haben, sind erstaunlich viele Eigenheiten des VW-Transporters in Erinnerung geblieben – sei es der unverkennbare Sound des Boxer-Motors, der hohe Federungskomfort oder die thermischen Probleme im Volllastbetrieb an heißen Tagen. All dies hält den Mythos VW Bus bis heute am Leben und trägt entscheidend dazu bei,

dass sich inzwischen auch Generationen für den Transporter begeistern, die weitaus später als dieser das Licht der Welt erblickt haben. Längst ist das Bus-Hobby generationsübergreifend und die Fan-Gemeinde zu einer weltweiten Familie gereift.

Da der T1 bereits 1967 seinem Nachfolger Platz machen musste, ist er aus der Nutzfahrzeuglandschaft schon seit langem verschwunden. Zwar waren noch Anfang der 1980er Jahre einige wenige Exemplare bei Freiwilligen Feuerwehren oder als städtische Fuhrparkreserve im Einsatz, doch fristete zu diesem Zeitpunkt bereits ein Großteil der erhalten gebliebenen Fahrzeuge ein tristes Dasein als Ersatzteilspender oder Gartenlaube. Die traurige Mehrzahl war hingegen längst als Kühlschrott in den Konvertern der Stahlindustrie gelandet. Vergleichsweise wenige Besitzer erkannten überhaupt den historischen Wert des Wolfsburger Bestsellers. Wie auch, könnte man fragen, wenn einem dieses Auto täglich zu Dutzenden auf der Straße begegnete?

Weitaus besser als den reinen Lasteseln erging es vielen Bussen und Wohnmobilen, die – im deutlich gepflegteren Zustand – langsam fit für ihr zweites Leben als Youngtimer gemacht wurden. Noch waren gut erhaltene T1 für den berühmten warmen Händedruck zu bekommen, da viele Besitzer sie nicht einfach dem Schrottplatz überlassen woll-

ten. Wer hätte damals auch geahnt, dass ein Samba-Bus oder ein Westfalia-Campingwagen einmal den Gegenwert einer neuen Mercedes-E-Klasse repräsentieren würden? Schließlich galten der Transporter noch immer als Gebrauchsfahrzeug und seine verstärkt um seinen Erhalt bemühten neuen Eigentümer als argwöhnisch beäugte Exoten.

Somit ist es auch nicht verwunderlich, dass sich der Start des T2 in seine neue Zukunft als automobiler Klassiker noch ungleich schwieriger gestaltete. Zwar beherrschte er seit seinem Debüt 1967 unangefochten die Phalanx leichter Transporter und Personenbusse, doch haftete ihm nie der Hauch des Besonderen an. Während der T1 noch auf den ersten Blick als Käfer-Derivat zu erkennen war und damit so etwas wie Nostalgiegefühle weckte, wirkte der T2 einfach viel zu modern, um als potenzieller Oldie ernstgenommen zu werden. Zudem wurde er ein Opfer der von ihm selbst forcierten Mobilitätsgesellschaft. Als kostengünstiges Nutzfahrzeug diente er in seinem Rentenalter zahllosen Einmannbetrieben als Kurier- oder Transportfahrzeug. Zumeist für wenig Geld am Straßenrand erworben und mit noch weniger Geld am Leben erhalten. Angesichts seines moderneren Nachfolgers T3, der die Vorzüge des T2 mit zeitgemäßer Technik aus dem damals aktuellen VAG-Regal verband, konnten sich zunächst nur wenige T2-Fahrer mit dem Gedanken anfreunden, ihr Fahrzeug

Der Bulli ist längst im Klassiker-Bereich angekommen

nicht gegen das neue Modell eintauschen zu wollen. Somit wurden die meisten T2 vorschnell in Zahlung gegeben oder aber bis zum bitteren Ende gefahren, um sie danach direkt der Entsorgung zuzuführen. Vor allem Pritschenwagen und Doppelkabinen blieben häufig bis „zum letzten Tropfen Öl" im Einsatz, so dass derartige Fahrzeuge heute zu den gesuchten Raritäten zählen. Auch für den Erhalt von Spezialfahrzeugen, wie zum Beispiel Verkaufs- oder Kühlwagen, war die Zeit offenbar noch nicht reif, so dass auch sie zu Tausenden den Weg allen alten Eisens gehen mussten. Eine erfreuliche Ausnahme bildete allerdings auch hier die Campingwagenfraktion. Mehr aus praktischen Gründen, für einen vergleichsweise geringen Kaufpreis ein vollwertiges Wohnmobil zu bekommen, überlebten unverhältnismäßig viele Campingwagen bis in die Gegenwart. Nicht wenige Bulli-Freunde fanden überhaupt erst über den Camper zum Heckmotorbus und

so bildete nicht selten der erste Campingwagen die Basis für eine heute feine Transporter-Sammlung.

Das wachsende Interesse an T1 und T2 ließ zahlreiche Clubs und Schraubergemeinschaften entstehen. Endlich waren Transporter-Fahrer nicht mehr auf sich allein gestellt, wenn es um technische Fragen oder die Beschaffung selten gewordener Ersatzteile ging. Darüber hinaus entwickelte sich der Bus verstärkt zum Zweitwagen vieler Käfer-Freunde, denen das Raumangebot ihres Krabbeltiers durch Heirat oder Familienzuwachs zu klein geworden war. Überhaupt war das enorme Platzangebot auch bei markenfremden Kaufinteressenten das Ausschlag gebende Argument. Dies hatte allerdings zur Folge, dass sich nun auch weniger technisch versierte Zeitgenossen dem Thema VW Bus zuwandten und damit eine regelrechte Kommerzialisierung der zuvor überschaubaren Bulli-Gemeinschaft in Gang setzten. Nicht nur die Ersatzteilpreise stiegen an, sondern auch die Fahrzeugpreise kletterten beständig in die Höhe. Gab es einen gut erhaltenen Samba-Bus in der Nachwendezeit bereits für rund DM 10.000,-, musste hierfür bereits zehn Jahre später der gleiche Betrag in Euro aufgebracht werden. Spätestens an der Schwelle zum 3. Jahrtausend waren T1 und T2 damit auch preislich in der Klassikerszene angekommen. Bundespost und Bundeswehr hatten längst ihre letzten T2-Bestände versteigert, so dass jetzt nur noch mit etwas Glück die eine oder andere Werks- oder Freiwillige Feuerwehr für ein günstiges Schnäppchen in Frage kamen. Topgepflegt und nicht selten mit Laufleis-

VW Nutzfahrzeuge schickt diesen T1 Kastenwagen aus dem Jahr 1964 auf ausgewählte Veranstaltungen. Der frühere Besitzer war ein Unternehmer aus Bremen, der den Bulli aufwändig aufgebaut und mit einem Tresen sowie einer funktionierenden Zapfanlage ausgerüstet hat. Im Hintergrund steht der dazugehörige, originale Westfalia-Anhänger.

tungen von weniger als 10.000 km, bildeten die roten Flitzer einen soliden Einstieg in die Transporter-Welt.

Doch nachdem auch die kommunalen Fahrzeughallen und Spritzenhäuser leer gekauft waren, blieb ambitionierten T1- und T2-Interessenten nur noch der Schritt ins Ausland. Neben den westlichen Nachbarländern, wo mit Ausnahme von Belgien und den Niederlanden das Bulli-Fieber noch nicht so stark grassierte, entwickelten sich die USA zum gelobten Land der Sammlerszene. Vor allem für die in Übersee sehr beliebten Westfalia-Campingwagen lohnt(e) ein Ausflug über den großen Teich, wie das eine oder andere hier vorgestellte Fahrzeug eindrucksvoll unter Beweis stellt.

Einen ähnlichen Werdegang nimmt inzwischen auch der T3, wenngleich es hier noch keiner Auslandsreise bedarf, um ein für die Restaurierung oder den Alltag passendes Fahrzeug zu finden. Am Beginn seiner Karriere noch als „gelifteter T2" verschmäht, entwickelt sich der letzte Heckmotor-Volkswagen inzwischen immer stärker zu einem gesuchten Youngtimer, der vor allem bei jüngeren Bulli-Freunden großen Anklang findet. Diente der T3 noch bis vor wenigen Jahren als preisgünstiges Winterauto vieler T1- und T2-Fahrer, gilt er heute als Klassiker der Zukunft, was allerdings für einen kontinuierlichen Preisanstieg sorgt. Obwohl sein Wertzuwachs noch weit von dem seiner älteren Brüder entfernt ist, zählt er aktuell zu den angesagtesten Alt-Volkswagen und als die „Einstiegsdroge" für die Bulli-Sammlung.

Nicht immer sind die heute bestaunten T1 bis T3 gänzlich original. Aus manch einem Krankenwagen wurde ein Campingbus und viele ehemals als Montage- oder Service wagen genutzte Kombis wurden zu Personenbussen umgerüstet. Doch es gibt auch die „Pedanten" unter den Bulli-Fahrern, die ihr Fahrzeug möglichst originalgetreu erhalten und mit viel Liebe zum Detail jedes noch so kleine Anbauteil auf seine fahrzeugspezifische Zugehörigkeit hin überprüfen. Hinzu kommt eine Reihe von im unrestaurierten Originalzustand erhalten gebliebenen Fahrzeugen. Gerade diesen mit der entsprechenden Patina versehenen Exemplare haftet der Reiz des Besonderen an, sind sie doch ein eindrucksvolles Beispiel für die sprichwörtliche Langlebigkeit des VW-Transporters. Die im Anschluss an die Typengeschichte folgenden Bilder zeigen die subjektiv schönsten oder technisch interessantesten Vertreter der jeweiligen Baureihe. Dies kann aber natürlich nur ein verhältnismäßig kleiner Ausschnitt der tatsächlich zeigenswerten Fahrzeuge sein. Dennoch ist er repräsentatives Beispiel für die enorme Bandbreite der klassischen VW-Transporter.

Die im Anschluss an die Historien von T1, T2 und T3 folgenden Bilder von perfekt erhaltenen Exemplaren des Erfolgstransporters zeigen die subjektiv schönsten oder technisch interessantesten Vertreter der jeweiligen Baureihe. Dies kann aber natürlich nur ein verhältnismäßig kleiner Ausschnitt der tatsächlich zeigenswerten Fahrzeuge sein. Dennoch ist er repräsentatives Beispiel für die enorme Bandbreite der klassischen VW-Transporter.

VW
BUS
T1

Vom Plattenwagen zum Kultobjekt

Für die vielfältigen Transportaufgaben des Wiederaufbaus besteht nach 1945 in Deutschland und den ebenfalls vom Krieg schwer getroffenen Nachbarstaaten ein enormer Bedarf an leichten Nutzfahrzeugen. Vor allem das wieder erstarkte Dienstleistungsgewerbe benötigt dringend kompakte und kostengünstige Transporter, da zum einen die vor 1939 beschafften Lieferwagen zu schwach oder nicht einsatzfähig sind und zum anderen der Kauf größerer Nutzfahrzeugmodelle wie Opel Blitz oder Mercedes L 701 zumeist an den hohen Kosten scheitert. Vor diesem Hintergrund entwickelt der spätere niederländische Volkswagen-Generalimporteur Benedict Pon Anfang 1947 bei einem Besuch im Wolfsburger Volkswagenwerk den Plan zum Bau eines auf dem Käfer basierenden Nutzfahrzeugs. Inspiriert wird er dabei von einem im internen Werksverkehr eingesetzten Materialtransportwagen auf Basis des Kübelwagens, der von den Arbeitern schlicht „Plattenwagen" genannt wird.

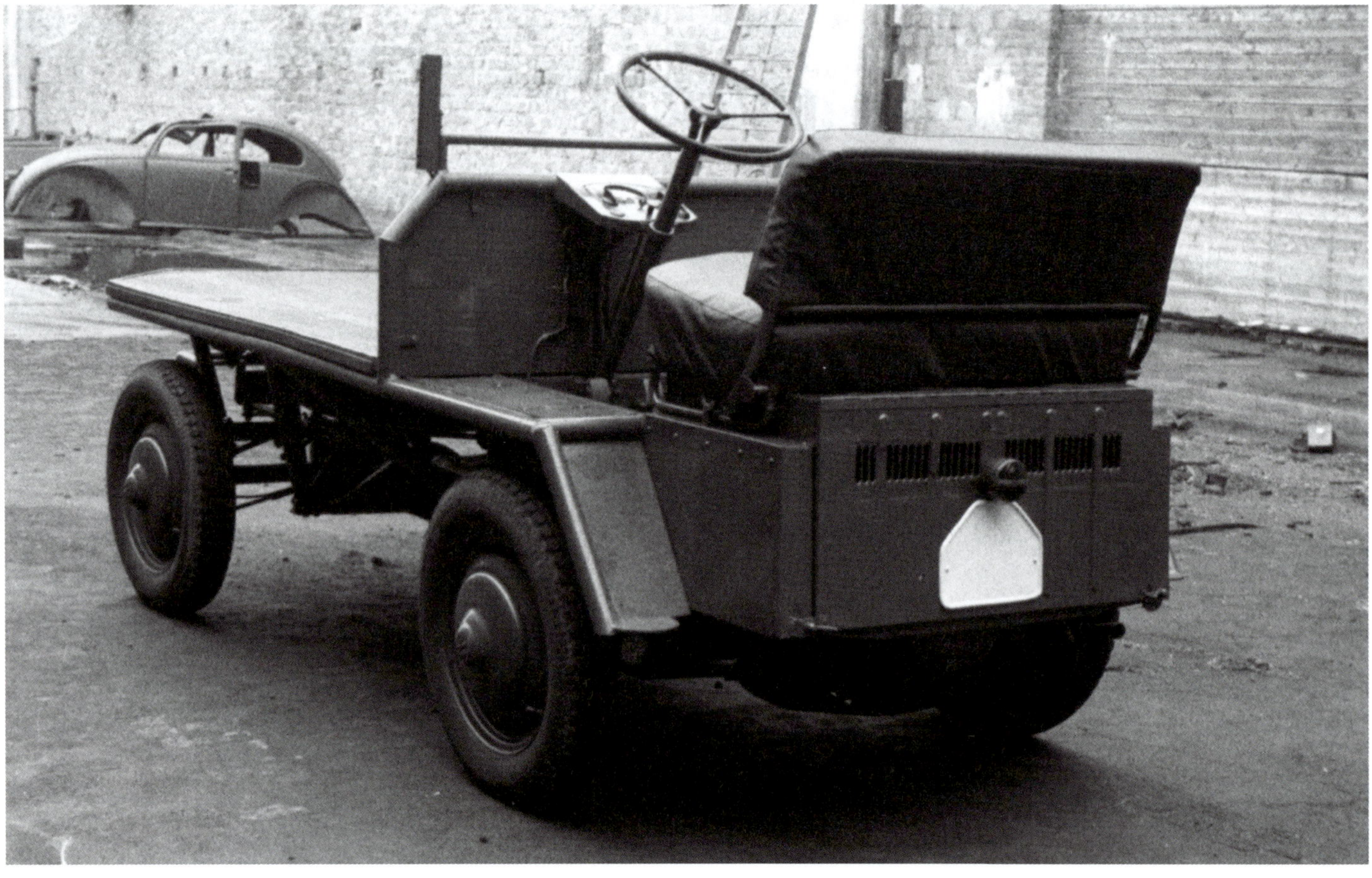

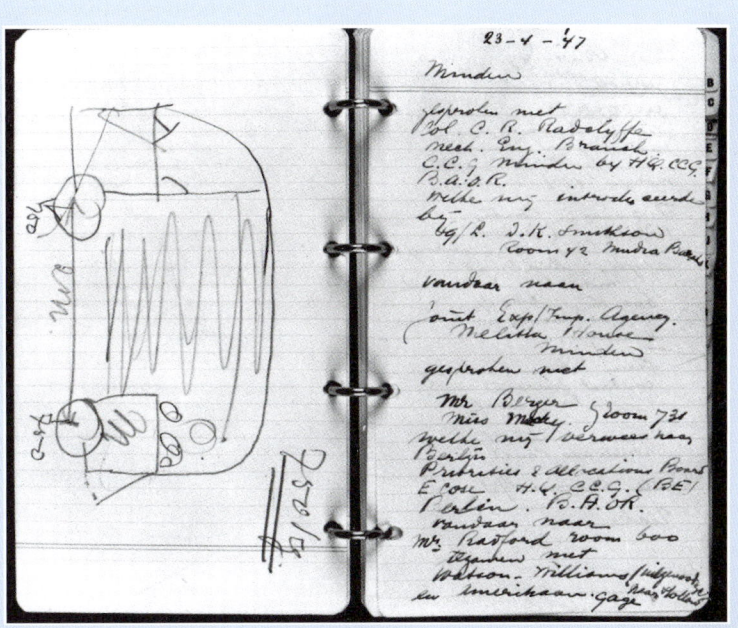

Oben: Anlässlich eines Besuches im Werk Anfang 1947 fertigte Ben Pon in seinem Notizbuch erste Skizzen zu seinen Überlegungen an.

Unten: Die Vorstellung des ersten Prototypen fand im Jahr 1949 statt. Versuchswagen 4 wies bereits die charakteristischen Karosserieelemente des späteren VW-Lieferwagens Typ 29 auf, auch wenn bis zum Serienstart im März 1950 noch zahlreiche Details wie Türgriffe, Dachrinne, Tankstutzen oder Beleuchtung geändert werden mussten.
Fotos: Stiftung AutoMuseum Volkswagen

Beim Prototypen war noch eine große Heckklappe vorgesehen, um eine möglichst große Wartungsfreundlichkeit zu gewährleisten.
Fotos: Stiftung AutoMuseum Volkswagen

Im Rahmen eines Arbeitstreffens am 23. April 1947 beim für die alliierte Kontrollaufsicht des Volkswagenwerkes zuständigen Colonel Charles Radclyffe von der britischen „Trade and Industry Divison" in Minden skizziert Pon erstmals den äußeren Rahmen des von ihm erdachten Kleintransporters: geschlossene Kastenform, Frontlenkerbauweise, über eine seitliche Tür zugänglicher Laderaum, 750 kg Nutzlast und ein luftgekühlter Käfer-Motor im Fahrzeugheck. Während der kommissarische Leiter des Volkswagenwerkes, Major Ivan Hirst, dem Projekt uneingeschränkt positiv gegenüber steht, winkt Radclyffe mit dem Hinweis auf die fehlenden Produktionskapazitäten ab. Dennoch stellt Hirst die Produktion für spätere Jahre in Aussicht. Anfang 1948 wird der ehemalige Leiter des Opel-Blitz-Werkes in Brandenburg, Heinrich Nordhoff, zum neuen Gene-

raldirektor des Volkswagenwerks ernannt. Bereits im Herbst 1948 erteilt Nordhoff die Freigabe für die Entwicklung eines Kastenwagens nach Pons Konzept. Das Konstruktionsteam um den neuen Volkswagen-Entwicklungsleiter Dr. Alfred Haesner entwirft daraufhin zwei Ur-Modelle mit einer flachen und einer rundlichen Front. Nordhoff wählt die vermeintlich aerodynamisch günstigere rundliche Variante, die jedoch in ersten maßstabsbezogenen Windkanaltests mit einem Luftwiderstandsbeiwert von 0,75 nicht die in sie gesetzten Erwartungen erfüllen kann. Erst ein neuer, strömungsgünstigerer Entwurf bringt eine Verbesserung auf einen für die damalige Zeit beachtlichen Luftwiderstandsbeiwert von 0,45. Zum Vergleich: Ein 30 Jahre später entwickelter T3 liegt bei einem C_w-Wert von 0,44!

Der erste Prototyp des werksintern „Sonderkonstruktion Typ 29" genannten Kastenwagens ist am 11. März 1949 fahrbereit. Allerdings erweist sich das aus Kostengründen favorisierte Käfer-Fahrgestell mit Hilfsrahmen bei den ausschließlich nachts durchgeführten Testfahrten bereits nach wenigen hundert Kilometern als völlig überstrapaziert. Erst ein zweiter, mit einer selbsttragenden Karosserie, verstärkter Käfer-Vorderachse und Portal-Hinterachse aus dem Typ 82 (Kübelwagen) versehener Versuchsträger erreicht die für ein Nutzfahrzeug erforderliche Torsionssteifigkeit. Doch nicht nur Karosserie und Fahrwerk bereiteten Probleme. Auch der Antrieb hat mit dem deutlich höheren Fahrzeuggewicht mehr Mühe als erwartet. Die mit der Weiterentwicklung des Antriebsstrangs beauftragte

Porsche KG verändert daraufhin für eine bessere Beschleunigung und Durchzugskraft die Getriebeübersetzung, wofür allerdings die Höchstgeschwindigkeit auf 80 km/h herabgesetzt werden muss. Eilig werden ein weiterer „aerodynamisch gewölbter Musterwagen" für den öffentlichen Straßenverkehr zugelassen und schließlich mit dem Erprobungsträger Nummer 4 nicht nur die modifizierten technischen Bauteile zufriedenstellend getestet, sondern auch die für den T1 charakteristische Karosserieform bestätigt.

Im Spätsommer 1949 ordert die Werksleitung vier Vorserienfahrzeuge, um noch bis zum Jahresende mit der Vermarktung der neuen Baureihe beginnen zu können. Da es für eine Bandfertigung noch zu früh ist, werden die vier optisch unterschiedlichen Vorausfahrzeuge in weniger als drei Monaten in Handarbeit gebaut. Im Gegensatz zu Pons ursprünglicher Skizze bekommen nur zwei Fahrzeuge einen unverglasten Laderaum, während die beiden anderen Prototypen seitliche Laderaumfenster erhalten. Bei der

Auch die alliierten Streitkräfte schätzten den VW-Transporter als ebenso zuverlässigen wie kostengünstigen Lieferwagen. Die Abbildung zeigt einen T1-Pritschenwagen der US-Air Police bei der Überwachung eines Betankungsvorgangs um 1955 auf dem Flughafenvorfeld in Berlin-Tegel. *Foto: Sammlung Schmidt*

Produktionsalltag im Werk Hannover im Juli 1957: Aufgrund der hohen Nachfrage hatte man im Jahr zuvor die komplette Transporter-Montage von Wolfsburg in die neuen Montagehallen verlegt. *Foto: Stiftung Auto-Museum Volkswagen*

offiziellen Pressevorführung am 12. November 1949 debütieren die beiden geschlossenen Versionen als „Lieferwagen für Handel und Gewerbe" bzw. in einer Ausführung mit Regaleinrichtung als „Fliegender Verkaufswagen". Die Fahrzeuge mit Seitenscheiben werden von den Wolfsburger Marketingexperten als „Kombiwagen" (mit herausnehmbaren Sitzbänken) sowie als „Klein-Omnibus für Gesellschaftsfahrten" präsentiert. In einem eigens gedruckten Werbeprospekt können weitere Varianten als Kranken-, Milch-, Paket-, Rundfunk- und Werkstattwagen bestaunt werden. Nur eine Pritschenversion sucht man vergeblich, da man bei Volkswagen der Ansicht ist, dass Kunden in diesem Marktsegment eher zu schwereren Fahrzeugen der Konkurrenz greifen würden.

Kein anderer Transporter prägt die Nachkriegszeit in Deutschland so wie der VW Typ 2

Die Vorstellung des neuen Volkswagen-Transporters fällt in die Geburtsstunde des geteilten Deutschlands. Nachdem bereits am 24. Mai 1949 mit dem Inkrafttreten des Grundgesetzes in den Westzonen die Bundesrepublik Deutschland gegründet worden war, entsteht am 7. Oktober des selben Jahres auf dem Gebiet der Sowjetischen Besatzungszone die Deutsche Demokratische Republik. Im Petersberger Abkommen vom 22. November 1949 erreicht der erste deutsche Bundeskanzler Konrad Adenauer eine Revision des Besatzungsstatuts. Bestimmte Beschränkungen im Bau von Hochseeschiffen werden daraufhin aufgehoben und der

teilweise oder vollständige Demontagestopp für zahlreiche Bergwerke und Fabrikanlagen im Ruhrgebiet, im Rheinland und in West-Berlin verfügt. Durch diese Maßnahme erfährt die Wirtschaft der jungen Bundesrepublik einen erheblichen Aufschwung, der sich vor allem auf die Binnenkaufkraft und damit auch den Verkauf des T1 positiv auswirkt.

Am 8. März 1950 läuft die Serienfertigung des ersten VW-Kastenwagens im Wolfsburger Volkswagenwerk mit zunächst drei produzierten Fahrzeugen an. Anders als beim Käfer ist seine Karosserie selbsttragend konstruiert worden. Mit einer Länge von 4150 mm und einer Breite von 1660 mm ist der nun offiziell „Volkswagen Transporter Typ 2" genannte Kleintransporter nur unwesentlich größer als der jetzt als Typ 1 bezeichnete Käfer. Die Dachhöhe ist mit 1900 mm bewusst dachgepäckträgertauglich gestaltet und ermöglicht zusammen mit dem 2400 mm langen Radstand ein für diese Fahrzeugklasse beachtliches Ladevolumen von 4,59 m³. Wie bereits von Pon skizziert, beträgt die Zuladung 750 kg bei einem Leergewicht von 975 kg. Bedingt durch das Heckmotorkonzept ergibt sich allerdings keine durchgehende Ladefläche, weshalb auch zunächst auf eine Heckklappe verzichtet wird. Gleiches gilt für das Heckfenster, an dessen Stelle bis November 1950 ein übergroßes VW-Logo prangt. Überhaupt

zeigt sich das neue Raumwunder vergleichsweise knauserig. So fehlt im ersten Modelljahr nicht nur die freie Sicht nach hinten,
sondern bis Dezember 1953 auch eine
serienmäßige Heckstoßstange. Außerdem
sind sämtliche Scheiben aus Kostengründen
flach ausgeführt worden, was nicht nur für
eine bescheidene Stabilität, sondern auch für
starke Windgeräusche sorgt.

Unter der Ladefläche im Heck werkelt der
aus dem Käfer bekannte Vierzylinder-Box-
ermotor mit 25 PS Leistung und einem
Hubraum von 1131 cm³. Das Fahrwerk
besteht aus einer vorderen Doppel-Kurbel-
lenkerachse mit zwei übereinander liegenden Drehstabfedern und der aus dem VW
Typ 82 bekannten hinteren Pendelachse mit
Vorgelege („Portalachse" genannt). Ebenfalls
aus dem Käfer entliehen ist das von Porsche

Von der Lenkradhülle „Avus" bis zum Frontspoiler: 1952 war das Gründungs-jahr der Firma KAMEI – ab-geleitet vom Namen des Gründers KArl MEIer – als Hersteller von sinnvollem Autozubehör. Firmensitz ist bis heute Wolfsburg. Foto: Stiftung AutoMuseum Volkswagen

modifizierte Getriebe mit einer geänderten
Übersetzung des zweiten Ganges und dem
hier seitenverkehrt eingebauten Differenzial.
Hierdurch drehen sich die Achsantriebs-
wellen in den Pendelachsrohren gegenüber
denen im Käfer in gegensätzlicher Richtung.
In den beiden seitlichen Vorgelegegehäusen
sorgen je zwei Zahnräder für die Umkeh-
rung der Drehbewegung in Vortriebskraft.
An beiden Achsen gibt es die aus dem Käfer
bekannten hydraulisch betätigten Trommelbremsen und auch die etwas indirekte
Spindellenkung ist mit der des Wolfsburger
Krabbeltiers weitgehend identisch.

Der Kaufpreis des zunächst nur in Taubenblau oder grundiert bestellbaren
Volks-Transporters liegt bei seinem Stapellauf bei stolzen DM 5850,- und damit exakt
DM 150,- über dem eines komplett ausgestatteten Käfers. Gemessen an der heutigen
Kaufkraft entspricht dies einem Kaufpreis
von rund € 14.500,-. Was aus
aktueller Sicht wie ein
Schnäppchen klingt,
ist jedoch in der
damaligen Zeit
ein echtes
Luxusgut,
liegt doch
das Durch-
schnittsein-
kommen
1950 bei

gerade einmal DM 279,- im Monat! Folglich sieht man den T1 zunächst auch nur bei größeren Betrieben oder im Kommunal- und Staatsdienst.

Bereits im März 1950 folgen der als Zwei-, Fünf- und Siebensitzer nutzbare Kombi sowie ein achtsitziger Kleinbus. Gleichzeitig fließen die ersten Verbesserungen in die laufende Produktion ein. So wird der Kastenwagen analog zu den Personentransportern mit einem zweistromigen Heizverteiler im Führerhaus ausgeliefert und ab September 1950 der Bus mit einer hinteren Innenraumheizung aufgewertet. Außerdem sorgt eine Trennwand zwischen Fahrerhaus und Laderaum dafür, dass vorn sitzende Fahrgäste nicht von umherfliegendem Ladegut getroffen werden.

Bereits 1951 erobert der T1 in der Bundesrepublik die Marktführerschaft bei den Transportern und Lieferwagen. Rund ein Drittel aller Neuzulassungen entfällt inzwischen in dieser Fahrzeugkategorie auf den im Volksmund „Bulli" genannten Wolfsburger. In Anbetracht dieses Erfolges wird die Modellpalette beständig erweitert. Zur IAA 1951 präsentiert Volkswagen mit dem „Kleinbus Sonderausführung" – besser bekannt als „Samba-Bus" – einen betont luxuriösen Achtsitzer mit Panoramaverglasung, Sonnenstoffdach und Zweifarbenlackierung. Ferner stellt die Firma Westfalia in Wiedenbrück mit der demontierbaren „Camping-Box" das erste Wohnmobil auf T1-Basis auf die Räder. Damit wird der VW-Transporter nun auch für Abenteurer und Globetrotter interessant.

Gegen Mehrpreis ist bereits seit Juni 1951 für den Achtsitzer ein Schiebedach erhältlich. Im Dezember 1951 erweitert ein weitgehend standardisierter Krankenwagen das Angebot der Spezialfahrzeuge. Während die Krankentrage des bis dahin bei der Firma Miesen in Bonn zum Ambulanzmobil umgebauten Kastenwagens noch mühsam durch die seitliche Doppelschwenktür bugsiert werden musste, verfügt das Werksmodell bereits über eine weit zu öffnende Heckklappe, für die nicht nur die Motorkastenhöhe verringert, sondern auch der Benzintank und das Reserverad verlegt werden mussten. Da dieser Umbau auch die Konstruktion einer offenen Ladefläche erlaubt, rückt nun ein Pritschenwagen in greifbare Nähe. Zwar hatten sich die Verantwortlichen noch bei der T1-Präsentation gegen eine offene Ladefläche ausgesprochen, doch mehren sich inzwischen die Stimmen potenzieller Kunden, die für einen Pick Up nicht länger in ein schwereres Konkurrenzmodell investieren möchten.

Erst im Jahr 1958 ging die Doppelkabine im Werk Hannover in die Serienproduktion. Bis dahin war die Firma Binz mit der Fertigung der Karosserie beauftragt worden. Das Fahrerhaus der Doppelkabine bot bis zu sechs Personen Platz, allerdings gelang der Einstieg in den Fond nur von rechts. Die Ladebordwände ließen sich auf allen Seiten abklappen. *Foto: Stiftung AutoMuseum Volkswagen*

Bis zu neun Personen fanden im Kombi hinter dem Fahrer Platz. Für den Lastentransport konnten die Sitzbänke in der rund DM 6600,- teuren Typ-2-Version ausgebaut werden. *Foto: Stiftung AutoMuseum Volkswagen*

Mit einem Grundpreis von 6100,- Mark war der besonders bei Handwerksbetrieben beliebte Pritschenwagen der preisgünstigste VW-Transporter. Der Erste seiner Art lief im Sommer 1952 noch in Wolfsburg vom Band, die Aufnahme zeigt bereits die Fertigung im Werk Hannover im Juli 1957. *Foto: Stiftung Auto-Museum Volkswagen*

Im Gegensatz zum standardisierten Feuerlöschfahrzeug TSF-T, fand der Pritschenwagen SO 11 mit Drehleiteraufbau DL 10 der Firma Meyer/Hagen in der Brandbekämpfung nur wenig Verbreitung. Und das, obwohl eine zusätzlich montierbare „Handausschubleiter" eine luftige Arbeitshöhe von immerhin 12 m ermöglichte.
Foto: Stiftung AutoMuseum Volkswagen

Am 25. August 1952 wird ihr Wunsch erhört: der erste „Pritschenwagen" genannte offenflächige VW-Transporter verlässt unter großer Anteilnahme der Fachpresse die Wolfsburger Werkshallen. Seine 2600 x 1570 mm große, von drei Seiten zugängliche Stahlplattform besitzt eine normale Rampenhöhe von knapp einem Meter, so dass er sogar im normalen Rollgutverkehr eingesetzt werden kann. Zusätzlich zur Pritsche gibt es unterhalb der Ladefläche eine 1,90 m³ große, abschließbare Transportbox, den sogenannten „Tresorraum". Mit einem Grundpreis von DM 6100,- ist der Pritschenwagen der preisgünstigste VW-Transporter.

Die Preisspanne der geschlossenen Ausführung reicht inzwischen von DM 6400,- für den Kastenwagen bis zu DM 9250,- für den Samba-Bus. Trotz dieser nicht unerheblichen Erhöhung des Grundpreises schnellt

die Fertigung in 1952 auf 21.665 Einheiten nach oben. Doch noch im selben Jahr muss die Volkswagen GmbH auch einen herben Verlust hinnehmen. Mit dem Entwicklungsleiter Dr. Haesner verlässt einer der Väter des VW-Transporters den Kommandostand in Richtung Ford Köln. Hier entwickelt er mit dem Kastenwagen FK 1000 einen der schärfsten Konkurrenten des T1.

Der 1953 vorgestellte Ableger des Ford Taunus 12 M erinnert nicht nur optisch an den T1, sondern ist auch wie dieser ein geräumiger Frontlenker. Mit seinen 38 PS aus 1,2 Litern Hubraum wirkt er deutlich agiler als der Typ 2, so dass er vor allem im Rettungs- und Kleinbusbereich zu einem echten Rivalen wird. Aber auch die Auto Union verstärkt ihre Bemühungen, mit ihrem 1949 vorgestellten DKW-Schnell-Laster F 89 L zu einem ernsthaften Konkurrenten zu werden.

Der als Kastenwagen, Kleinbus, Kombi, Pick Up, Tiefladerpritsche und Verkaufswagen lieferbare Ingolstädter wird ab 1954 von einem 30 PS starken Zweitakt-Motor befeuert, der dem T1 vergleichbare Fahrleistungen und Nutzlasten ermöglicht. Dritter

Rivale um die Vorherrschaft auf dem deutschen Kleintransportermarkt gilt jedoch das Vidal & Sohn Tempo-Werk mit dem Modell Matador. Interessanterweise wird der seit 1949 produzierte Leichttransporter bis 1952 ebenfalls von einem Käfer-Motor angetrie-

Die Produktion boomt: Im Jahr 1962 entstehen im Werk Hannover täglich mehr als 750 VW-Transporter für über 130 Länder, zusätzlich werden mehr als 5000 Motoren gefertigt. Die Belegschaft ist seit Eröffnung des Produktionsstandortes sechs Jahre zuvor auf 20.000 Mitarbeiter gewachsen. *Foto: Stiftung AutoMuseum Volkswagen*

im Bunde der Konkurrenten aus deutscher Fertigung ist der ab 1953 gebaute Goliath Express; der erste neu entwickelte Vierrad-Lieferwagen des Borgward-Konzerns. Zur serienmäßigen Ausstattung des bis zu zehn Sitzplätze bietenden Topmodells „Express Luxus-Bus" gehören unter anderem eine Panoramaverglasung, stoffbespannte Seitenverkleidungen, Kunstledersitzbezüge sowie ein 1440 mm langes Schiebedach von Golde. Damit zielt der bis zu 40 PS starke Fronttriebler nicht nur punktgenau auf den Samba-Bus, sondern unterbietet diesen auch mit einem Listenpreis von anfänglich DM 8070,- recht deutlich. Als lange Zeit härtester

ben, bis schließlich VW-Generaldirektor Nordhoff die Lieferung an das Konkurrenzunternehmen stoppen lässt. Daraufhin kommen wahlweise Zweitakt- oder Viertaktaggregate des Konstruktionsbüros Müller aus Andernach zum Einsatz, bis schließlich 1957 Motoren von Austin aus England zugekauft werden.

Dennoch bleibt der T1 weiterhin das Maß seiner Klasse, so dass bereits 1953 das Portfolio um eine 10 m hohe „Auto-Drehleiter DL 10" der Firma Meyer/Hagen sowie eine sechssitzige Doppelkabine mit kurzer Pritsche der Firma Binz/Lorch erweitert wird.

Am 8. März 1950 beginnt in Wolfsburg die Produktion des VW Bus. Dank selbsttragender Ganzstahl-Karosserie und Frontlenker-Bauweise präsentierte sich der erste VW-Lieferwagen 1949 als Meilenstein des leichten Nutzfahrzeugbaus. *Foto: Stiftung AutoMuseum Volkswagen*

Der werksinterne Transport der Rohkarosserien erfolgte in Wolfsburg mit Hilfe von handverschiebbaren Fahrschemeln. Eine Methode, die übrigens noch heute in vielen Automobilfabriken weltweit praktiziert wird. *Foto: Stiftung AutoMuseum Volkswagen*

Mit einem Einstiegspreis von vergleichsweise günstigen DM 5850,- legt er den Grundstein für die Motorisierung unzähliger Handwerks- und Dienstleistungsbetriebe. *Foto: Stiftung AutoMuseum Volkswagen*

Warten auf den Motor: In langen Reihe warteten die Transporter auf die Montage des Antriebsstrangs, für die sie mit Hilfe eines Deckenkrans auf das Hochband gehievt wurden. *Foto: Stiftung AutoMuseum Volkswagen*

Blick in die Montagehalle des neuen Transporter-Werks Hannover-Stöcken im Jahr 1956. Mit 4954 Belegschaftsmitgliedern startete man vergleichsweise bescheiden. Nur zehn Jahre später waren hier bereits 21.649 Mitarbeiter beschäftigt. *Foto: Stiftung AutoMuseum Volkswagen*

Daneben komplettieren bereits seit 1952 mit dem „Campingwagen" von Westfalia und dem genormten „Feuerlöschfahrzeug TSF-T" von Magirus zwei weitere Sonderausführungen externer Zulieferbetriebe die Preisliste.

Trotz des anhaltenden Erfolges kann sich Volkswagen dennoch nicht auf seinen Lorbeeren ausruhen. Um gegen den neuen Hauptkonkurrenten Ford FK 1000 gewappnet zu sein, läutet bereits im Frühjahr 1953 die Synchronisierung des Getriebes (ohne den ersten Gang) eine Reihe weiterer Verbesserungen ein. Ein hydraulischer Teleskoplenkungsdämpfer erleichtert fortan nicht nur die Lenkbewegung, sondern verhindert auch, dass Fahrwerksstöße ungefiltert bis zum Lenkrad durchdringen können. Zudem wird die Leistung der Lichtmaschine auf 160 Watt erhöht und zur besseren Belüftung des Fahrerhauses werden die Vordertüren mit neu geformten Ausstellfenstern mit Drehmechanismus ausgestattet. Außerdem erhalten Kastenwagen, Kombi und Bus zum Jahresende eine serienmäßige Heckstoßstange.

Die Tagesproduktion klettert 1953 erstmals über die magische Grenze von 100 Fahrzeugen. Damit hat sich der T1 endgültig zu einem zweiten, vollwertigen Standbein der Volkswagen GmbH entwickelt. Um auch in Übersee ein gewichtiges Wort im Kleinwagen- und Transportermarkt mitreden zu können, eröffnet Volkswagen 1953 in Brasilien mit dem Werk São Bernardo do Campo die erste Produktionsstätte au-

ßerhalb Deutschlands. Ein Jahr später folgt in Australien die Eröffnung eines zweiten internationalen Montagewerks. Unter dem neuen VW-Generalimporteur für die USA, Arthur Stanton, reifen zudem auch die Vereinigten Staaten zu einem wichtigen Absatzmarkt heran, so dass die Erfolgsgeschichte des T1 von einem Höhepunkt zum nächsten eilt. Nachdem im Januar 1954 ein stärkerer Motor mit 30 PS Leistung und einem Hubraum von 1192 cm³ Einzug gehalten hat,

Am 9. März 1956 überreichte der Leiter des neuen Werkes in Hannover, Otto Höhne, die Schlüssel für den ersten hier gefertigten Transporter – einen Pritschenwagen – an VW-Großhändler Dost aus Hildesheim. *Foto: Stiftung AutoMuseum Volkswagen*

Im Rahmen der Modellpflege erhielt der T1 1960 endlich auch in Deutschland weithin sichtbare, elektrische Blinkleuchten. Während für den Exportmarkt solche bereits seit 1955 verfügbar waren, hielt man hierzulande weitere fünf Jahre an den antiquierten Winkern fest. *Foto: Stiftung AutoMuseum Volkswagen*

Bis Ende des Jahres 1959 war die Verlagerung der Motorenproduktion in das Werk Hannover abgeschlossen. Am 1. August 1960 wurde die Produktion auf den neuen 34-PS-Motor für Typ 1 und 2 umgestellt, nachdem dessen Fertigung für den Transporter bereits am 1. Juni angelaufen war. *Foto: Stiftung AutoMuseum Volkswagen*

Für Arbeiten an der Unterseite konnten die Monteure das Fahrzeug mit einfachen Handgriffen auf das Hochband setzen. *Foto: Stiftung AutoMuseum Volkswagen*

Produktionsimpressionen aus dem Sommer 1959: In Halle 2 stand der kreisförmig angeordnete Motorenprüfstand. Seine Messvorrichtungen erfüllten in der Genauigkeit höchste Ansprüche. *Foto: Stiftung AutoMuseum Volkswagen*

Die Transporter-Fertigung Anfang der 1950er Jahre: Noch waren die meisten Produktionsschritte von zeitaufwändiger Handarbeit geprägt, wie hier die Montage der Frontscheinwerfer. *Foto: Stiftung AutoMuseum Volkswagen*

Am 25. März 1959 hatte in den neuen Produktionshallen die Montage des Motorentyps EA 67 begonnen, der ab 19. Mai desselben Jahres in den VW-Transporter eingebaut wurde. Die Montage des alten 30-PS-Motors für den Personenwagen Typ 1 wechselt am 15. Juni 1959 an den neuen Standort, sodass ab dem 15. Dezember die komplette Motorenproduktion in Hannover angesiedelt war. *Foto: Stiftung AutoMuseum Volkswagen*

Die 1958 für die verschärften Sicherheitsbestimmungen in den USA eingeführten Bügelstoßstangen waren bald auch gegen Mehrpreis für europäische Fahrzeuge erhältlich. *Foto: Stiftung AutoMuseum Volkswagen*

verlässt am 9. Oktober 1954 der einhunderttausendste Transporter im Rahmen einer Feierstunde die Fertigungsstraße. Deutschland ist Fußballweltmeister und inzwischen auch der T1 fast auf dem gesamten Globus bekannt! Selbst in der DDR gilt er dank des im Frühherbst 1951 neu geregelten „Interzonenhandels" zwar als seltener, aber dafür umso beliebterer Lastesel aus dem kapitalistischen Westen.

Bereits Mitte der 1950er Jahre präsentierte sich das Werk Hannover als moderne Automobilfabrik. Sofern die Teile nicht von Bändern oder Laufkränen bewegt wurden, erfolgten die Transporte weitestgehend im Geschoss unterhalb der Produktionsräume. Dieses Konzept sorgte für viel Raum zwischen den Fließbändern.
Foto: Stiftung AutoMuseum Volkswagen

Da die Tagesproduktion von maximal 153 T1 nicht annähernd mit der Nachfrage Schritt halten kann, reift noch 1954 der Plan zum Bau eines neuen Transporter-Werkes außerhalb Wolfsburgs. Die Wahl fällt dabei auf Hannover-Stöcken mit einer für die damalige Zeit vorbildlichen Infrastruktur. Neben einer direkten Anbindung an die Autobahn A2 und den Mittellandkanal, gilt nicht zuletzt die unmittelbare Nachbarschaft zu den großen Zulieferfirmen Varta und Continental als Standortargument.

Die Ausmaße der Bauarbeiten auf dem 120.000 m² großen Gelände sind gewaltig: Bis zum Start der Testproduktion im Januar 1956 müssen 1.750.000 m³ Erde bewegt sowie 120.000 Tonnen Zement und 28.000 Tonnen Profilstahl verbaut werden. Hinzu kommen 600.000 m² Schalholz für den Betonguss und über 8 Millionen Klinkersteine für die Gestaltung der Fassaden. Bevor jedoch der erste T1 das neue Werk verlässt, wird er zum 1. März 1955 noch einer umfangreichen Modellpflege unterzogen. Die bereits beim Krankenwagen eingeführten Modifikationen werden jetzt auch für die übrigen Modelle übernommen. Der durch einen veränderten Luftfilter deutlich niedrigere Motorraum wird für eine größere Heckklappe genutzt und die Motorklappe hierfür entsprechend verkleinert. Mehr aus Platz- als aus Sicherheitsgründen wandert der Tank über die Hinterachse, so dass dieser nun nicht mehr umständlich über den Motorraum befüllt werden muss, sondern eine separate Tankklappe im hinteren rechten Kotflügel erhält. Auch das Reserverad lagert jetzt platzsparend hinter dem Fahrersitz. Das Ladevolumen steigt damit auf 4,80 m³ an.

Weitere Neuerungen betreffen die seitlichen Klapptüren, die nun endlich ein in den Türgriff integriertes Schloss bekommen sowie die Dachpartie, die zum Ansaugen von Frischluft mit einem Überstand oberhalb der Frontscheiben versehen wird. Im Innenraum wird das jetzt durchgängig gestaltete Armaturenbrett von einem größeren Tachometer dominiert. Darüber hinaus ersetzt ein Zündanlassschalter den bisher verwendeten Starterknopf. Für einen deutlich höheren

Um das selbst auferlegte VW-Qualitätsversprechen zu halten, wurden am Ende der Produktionsstraße alle Fahrzeuge einer peniblen Endkontrolle unterzogen. *Foto: Stiftung AutoMuseum Volkswagen*

Fahrkomfort wird der Federweg an der Hinterachse vergrößert und mit progressiv wirkenden Teleskopstoßdämpfern ausgerüstet. Im Zusammenspiel mit den neuen 15-Zoll-Rädern resultiert daraus ein dem Käfer vergleichbares Fahrgefühl. Damit rücken Bus und Kombi immer stärker in den Fokus Pkw fahrender Großfamilien.

1955 wagt sich der T1 auch auf die Schiene: Um die Einsatzfähigkeit ihrer Bahnmeistereien zu erhöhen, bestellt die Deutsche Bundesbahn bei den Firmen Beilhack und WMD insgesamt dreißig auf dem T1 basierende Eisenbahndraisinen. Während Motor und Aufbau direkt vom T1 übernommen werden, erhalten die Fahrzeuge „unten herum" spezielle Eisenbahnfahrgestelle mit nicht lenkenden Achsen und Rädern mit

Spurkränzen. Mit Hilfe einer unter dem Fahrzeugboden angebrachten hydraulischen Hebevorrichtung können die als Klv 20-5001 bis Klv 20-5030 eingereihten Bahndienstfahrzeuge an jeder beliebigen Stelle ausgegleist bzw. für einen Fahrtrichtungswechsel gedreht werden. Die Höchstgeschwindigkeit der immerhin 1500 kg schweren „roten Brummer" beträgt 70 km/h, womit sie selbst auf Hauptstrecken mühelos im Fahrplantakt mitschwimmen können. Die Fahrzeuge bewähren sich gut, so dass die letzten erst Mitte der 1970er Jahre ausgemustert werden.

Im Frühjahr 1956 gibt es schließlich auch in Hannover einen „großen Bahnhof": Auf den Tag genau sechs Jahre nach dem Beginn der Serienproduktion läuft am 9. März 1956 mit einem Pritschenwagen der erste offiziell

Eine der bekanntesten Foto-
serien ist die Motivreihe
„Camping Bus in Gifhorn".
*Foto: Stiftung AutoMuseum
Volkswagen*

im neuen Werk gebaute T1 vom Band. Die
Tagesproduktion umfasst zunächst 250 Fahrzeuge und ist schrittweise auf 500 Einheiten
erweiterbar. Begünstigt durch das deutsche
Wirtschaftswunder und eine gleichzeiti-
ge Konjunkturbelebung in den wichtigen
Exportländern USA und Niederlande reicht
aber schon bald auch diese Zahl nicht mehr
aus, um den weltweit steigenden Bedarf an
Transportern zu decken. Am 1. November
1957 verlässt bereits der dreihunderttau-
sendste T1 die Werkshallen. Die Jahrespro-
duktion im Werk Hannover beläuft sich im
selben Jahr auf 90.000 Fahrzeuge, von denen
allein 19.000 in die USA exportiert werden.
Durch die Einführung weiterer am Markt

orientierter Modellvarianten, wie zum Beispiel den Verkaufswagen SO 1 oder den Kof-
ferwagen SO 13, können die Absatzzahlen
weiter gesteigert werden. Hinzu kommt die
Entwicklung weiterer Spezialfahrzeuge, die
vom Langguttransporter bis zum Verkehrs-
überwachungsfahrzeug kaum noch einen
Einsatzbereich offen lassen.

Am 1. November 1958 wird die bislang noch
in Wolfsburg ansässige Motorenfertigung
ebenfalls nach Hannover verlagert. Nur zwei
Tage später präsentiert Volkswagen eine eigene Doppelkabine, die sich formal an dem
bisher von Binz gebauten Modell orientiert.
Wegen der verschärften Sicherheitsbestimmungen in den USA, erhalten ab 29. August

Bulli-Campen in seiner einfachsten Form: Die gegenüber der „de luxe-Version" SO 23 im Umfang deutlich reduzierte SO 33-Ausstattung richtete sich an den sparsamen Campingeinsteiger. Ab 1961 zunächst zum Selbsteinbau angeboten, gab es sie ein Jahr später auch als Festeinbau ab Werk. *Foto: Stiftung Auto-Museum Volkswagen*

Werbefotografie aus den Fünfzigern: Die neu erlangte Mobilität lockte in jenen Jahren viele Deutsche zu Urlaubszielen im Süden. Dieses Bild entstand allerdings im Studio vor einer Fototapete. *Foto: Stiftung AutoMuseum Volkswagen*

Der VW-Bus avancierte auch zum Symbol einer ganzen Bewegung: Den Hippies in den 1960er und 1970er Jahren dienten ausgebaute T1 und T2 als Transport- und Hilfsmittel, um ihr von Zwängen und bürgerlichen Tabus befreites, humanes und friedliches Lebensmodell zu verwirklichen. In Wolfsburg verfolgte man seinerzeit die Flower-Power-Bewegung sehr aufmerksam, besonders im Hinblick auf das Image des Erfolgsmodells.

Foto: Ralf Kolmsee

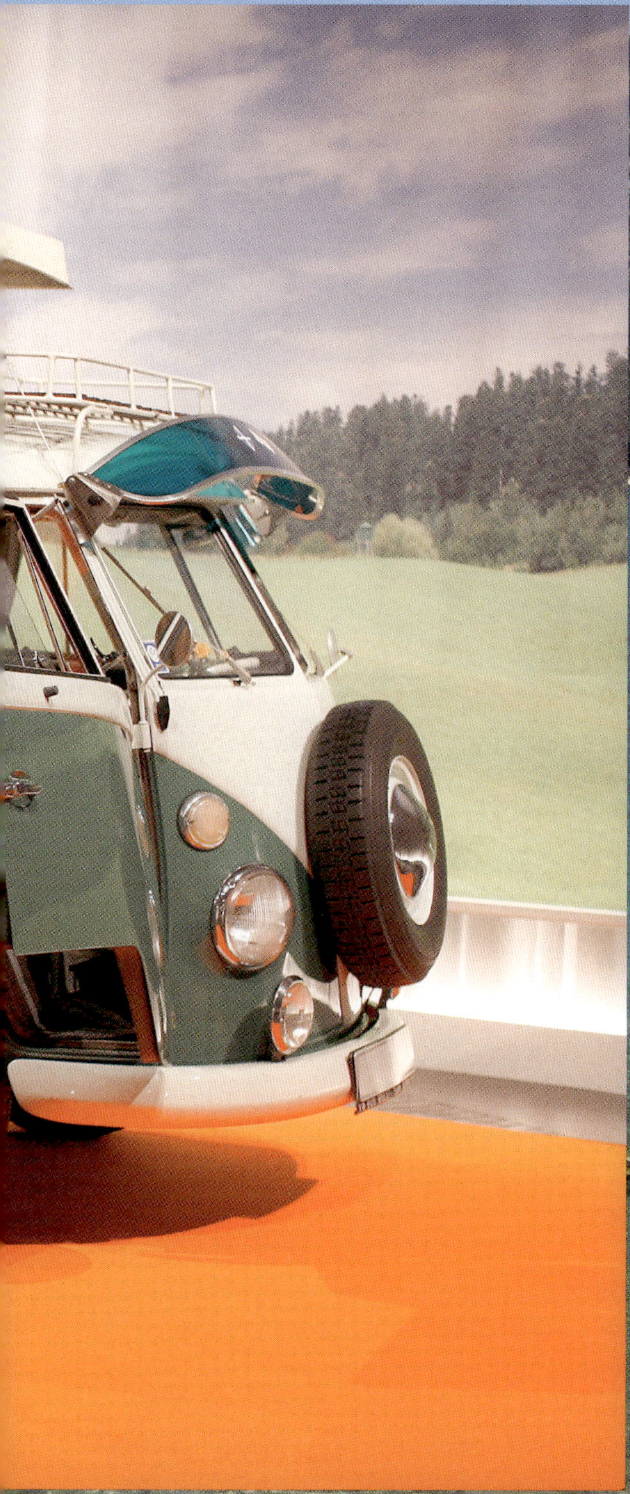

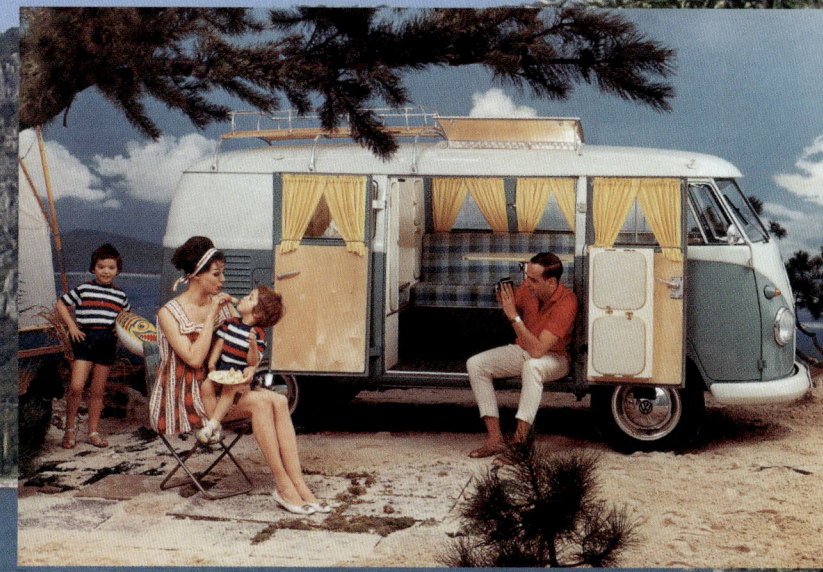

Dieselbe Familie, die bereits im Anzeigenmotiv auf Seite 37 für das idyllische Camper-Erlebnis posiert, zeigt hier abermals die Vorzüge des ab 1961 angebotenen SO 34 von Westfalia-Wohnmobile. *Foto: Stiftung AutoMuseum Volkswagen*

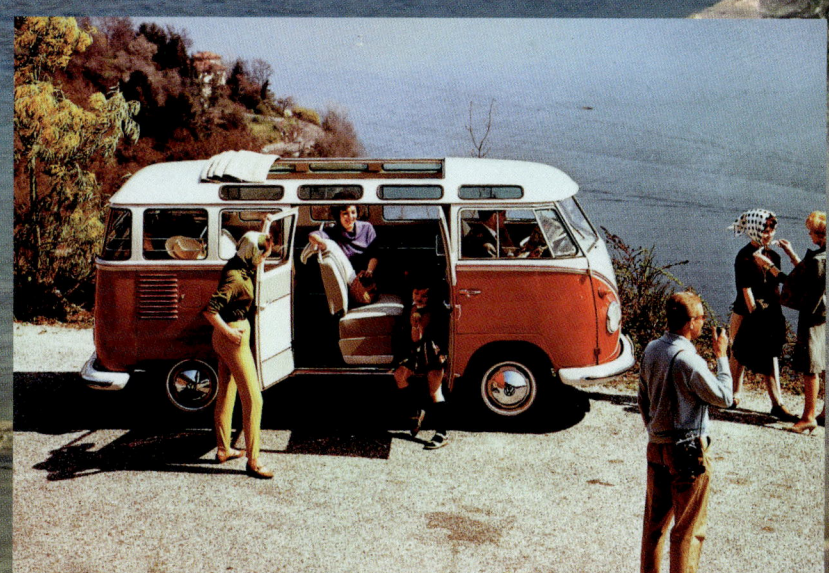

Bereits 1951, zwei Jahre nach dem Erscheinen des ersten VW Bus, präsentierte VW den luxuriösen „Kleinbus Sonderausführung" mit Fenstern in den Dachholmen und einem Faltdach. Der „Samba" ist ausschließlich für die Personenbeförderung konzipiert und wird bei kleineren Busunternehmen schnell ein beliebtes Fahrzeug für Städtetouren und Kurzreisen ins benachbarte Ausland. *Foto: Stiftung AutoMuseum Volkswagen*

In der Wirtschaftswunderzeit entdeckten die Deutschen wieder Ihre Lust am Reisen. Besonders beliebt waren Ziele in Österreich und Italien. Die VW-Werbeabteilung griff diesen Trend gerne auf und setzte die Fahrzeuge entsprechend in Szene. *Foto: Stiftung Auto-Museum Volkswagen*

1958 alle dorthin ausgeführten Fahrzeuge spezielle Stoßstangen mit Rammschutzbügeln, die wenig später optional auch für den europäischen Markt erhältlich sind. Die Einführung elektrischer Blinker gegen Mehrpreis ist dagegen nur eine Randnotiz. Im Oktober 1958 wird das Pick Up-Programm um eine breitere Metallpritsche sowie eine von Westfalia in Wiedenbrück gebaute Holzpritsche erweitert. Ab 1960 gibt es auch eine kippbare Ausführung mit verstärktem Rahmen und hydraulischer Kippeinrichtung.

Das Aufrichten der Ladefläche geschieht dabei durch einfache Pumpbewegungen nach dem Prinzip eines Wagenhebers, so dass Schüttgüter nun bequem im Einmannbetrieb ausgeliefert werden können.

Die Konjunkturmaschine läuft in Westdeutschland inzwischen wieder auf Hochtouren. Und auch mit Europa geht es wirtschaftlich weiter bergauf. Nachdem die im April 1951 gegründete Montanunion diesen Wirtschaftsaufschwung erst ermöglicht hat,

sorgen die zum 1. Januar 1958 in Kraft tretenden Römischen Verträge als Gründungsmanifest der Europäischen Wirtschaftsgemeinschaft (EWG) für eine weitere Belebung des europäischen Binnenhandels. Mit der Konstituierung der EWG sind eine ganze Reihe staatlicher Förderprogramme mit den Themenschwerpunkten Energiegewinnung und Wohnungsbauförderung verbunden, von denen auch die Nutzfahrzeugbranche profitiert.

Am 21. August 1959 wird im Werk Hannover der fünfzigtausendste VW-Mitarbeiter eingestellt und nur vier Tage später der fünfhunderttausendste T1 produziert. Am 29. Juni 1960 beschließt der Deutsche Bundestag mit großer Mehrheit die längst überfällige Umwandlung der staatlichen Volkswagen GmbH in eine privatwirtschaftliche Volkswagen AG. Nur wenige Wochen später, am 22. August 1960, erfolgt die Eintragung der neuen Gesellschaft in das Handelsregister beim Amtsgericht Wolfsburg. Vierzig Prozent der zu einem Nominalwert von DM 100,- ausgegebenen Aktien teilen sich der Bund und das Land Niedersachsen. Die restlichen sechzig Prozent werden gemäß der parlamentarischen Zustimmung „weit gestreut", landen aber letztendlich zu einem Großteil in den Depots einflussreicher Mitglieder der Porsche-Familie.

Mit der serienmäßigen Einführung der elektrischen Blinkleuchten und dem damit verbundenen Entfall der veralteten Winker, beginnt für den T1 noch im selben Jahr der Aufbruch in die Moderne. Für eine bessere Sicht auf die Straße sorgt die Einführung des

asymmetrischen Abblendlichts. Zudem wird der Anpressdruck der Scheibenwischer verstärkt und die Leistung des Wischermotors erhöht. Vor Schäden am Anlasser schützt zukünftig eine Zündanlasswiederholsperre. Der höherverdichtete Motor leistet jetzt 34 PS und wird für einen optimierten Kaltstartbetrieb mit einer komfortablen Startautomatik anstelle des bisherigen Chokes ausgestattet. Speziell für Kommunal- und Versorgungsbetriebe komplettiert im Juni 1960 ein von der Firma Ruthmann in Gescher gebauter Hubsteiger die Liste der Sonderaufbauten. Das auf dem Pritschenwagen basierende Hubfahrzeug verfügt über eine elektro-hydraulisch betätigte Arbeitsbühne mit einer maximalen Tragkraft von 150 kg und einer Arbeitshöhe von 7,50 m. Mit einem Einstiegspreis von knapp DM 16.000,- ist der Ruthmann-Steiger über viele Jahre der teuerste ab Werk lieferbare Volkswagen. Im Jahr 1961 werden Blinker, Brems- und Rücklicht bei allen Modellen in einem ova-

Werktags mit Montagetrupp im Kundendienst auf Tour, am Wochenende mit der Familie zum Picknick – mit zusätzlicher Sitzreihe im Laderaum wurde der Transporter zum wahren „Multi-Van" ...
Foto: Stiftung AutoMuseum Volkswagen

Mit seinen insgesamt 23 Fenstern und einem Cabrio-Dach bot der Samba-Bus bis zu zwölf Personen ein angenehmes Reisen. Vorgestellt auf der ersten Nachkriegs-IAA im April 1951 in Frankfurt am Main, lag der Grundpreis der im englischen Sprachraum auch als „Microbus Deluxe" bekannten T1-Sonderausführung bei rund 8500 Mark. *Foto: Stiftung AutoMuseum Volkswagen*

len Lampengehäuse zusammengefasst. Außerdem sind die Spurstangen an der Vorderachse nun wartungsfrei. Kleine Glanzlichter im Innenraum setzen eine Sonnenblende auf der Beifahrerseite sowie eine Tankanzeige im Armaturenbrett. Damit entfällt zugleich der noch aus der automobilen Frühzeit stammende Benzinabsperrhahn. Um den T1 auch für größere Ladegüter nutzen zu können, bereichert ab September 1961 ein Großraumkastenwagen mit einer Dachhöhe von 2285 mm die Modellpalette. Ein Jahr später rüstet die in Hannover ansässige Firma Clinomobil den Großraumkastenwagen zu einem der ersten Vorläufer heutiger Notarztwagen um. Allerdings steckt das mobile Rettungswesen zu diesem Zeitpunkt noch in den Kinder-

schuhen, so dass während der Fahrt weder operative, noch akut lebenserhaltene Maßnahmen durchgeführt werden können.

Neben dem Kommunal- und Rettungswesen gewinnt aber auch die Freizeitsparte für Volkswagen immer stärker an Bedeutung. Nachdem schon der ab 1959 von Westfalia gebaute „Campingwagen SO 23" zahlreiche Käufer im In- und Ausland gefunden hat, weitet das Wiedenbrücker Unternehmen Anfang 1961 mit dem Möblierungs-Selbsteinbausatz „SO 22 Mosaik" sein Programm preislich völlig unterschiedlicher Campingwagen auf T1-Basis aus. Die Bandbreite reicht dabei vom einfachen „Bus mit Bett" bis zum luxuriösen „Campingwagen SO

44" mit Kühlbox, fließendem Wasser und Dormobile-Dachzeltaufbau (ab 1965). Da sich in der alten Welt nur wenige Zeitgenossen diesen Luxus leisten können, liegt der Hauptmarkt für die gehobenen Fahrzeuge in den USA, weshalb für viele Modelle sogar zwei unterschiedliche Innenausstattungen angeboten werden. Während die europäischen Kunden einer Innenausstattung mit Echtholzfurnier den Vorzug geben, favorisieren die Amerikaner möglichst helle, abwaschbare Kunststoffoberflächen.

Oben: Im Rahmen eines größeren Festaktes lief am 9. Oktober 1954 in Wolfsburg der einhunderttausendste Transporter vom Band. Ein guter Grund für VW-Generaldirektor Heinrich Nordhoff, das Ereignis mit einer Ansprache an die Belegschaft und geladene Festgäste zu würdigen. *Foto: Stiftung AutoMuseum Volkswagen*

Produktionsrekord im Nutzfahrzeugbau: Nur 12 Jahre nach seiner Einführung lief am 2. Oktober 1962 der 1.000.000ste VW-Transporter vom Band. Produktionsleiter Otto Höhne würdigte die Leistung vor den Werksangehörigen und den Vertretern der Presse. Das Jubiläumsexemplar – ein Samba-Bus – war ein Geschenk des VW-Werkes an UNICEF. *Foto: Stiftung Auto-Museum Volkswagen*

Mit dem Bau der Berliner Mauer im August 1961 ist für die Deutschen im Osten die Reisefreiheit erst einmal vorbei. Millionen unzufriedener DDR-Bürger, darunter viele jüngere und qualifizierte Arbeitskräfte, haben ihr Land seit dem Arbeiteraufstand 1953 in Richtung Bundesrepublik verlassen. Um einen weiteren „Ausverkauf" des eigenen Staates zu vereiteln, riegelt die Regierung Ulbricht ihre Grenze fast hermetisch ab. Auch die Handelsbeziehungen mit den westlichen Ländern werden größtenteils eingefroren, womit auch der Verkauf von Volkswagen-Fahrzeugen im selbsternannten „Arbeiter- und Bauern- staat" ein jähes Ende findet.

1962 nimmt die Volkswa- gen AG mit dem Typ 3 eine dritte Modellreihe in ihr Lieferprogramm auf. Der sukzessive als Limousine, Variant und Coupé lieferbare „gro- ße VW", wie der 1500 auch genannt wird, verfügt über einen neu entwickelten Boxermotor mit einem direkt an der Kurbelwelle angebrachten Lüfter- rad. Parallel zum Erscheinen des VW 1500 wird das 42 PS starke Aggregat auch im T1 angeboten, hier allerdings aus Platzgründen wie bisher mit dem stehenden Gebläse. Der 34-PS-Motor aus dem Käfer bleibt weiterhin im Angebot, da man zunächst die Resonanz der Kundschaft abwarten möchte. Wegen des höheren Drehmoments von nunmehr 95 Nm bei 2000/min rundet eine größere Kupplungs-Mitnehmerscheibe mit 200 mm

Mit dem Motor aus dem VW 1500 (Typ 3) verfügt der T1 nun über 42 PS

Durchmesser das werksseitige „Tuning" ab. Im Fahrerhaus ersetzen ein verstellbarer Einzel- sowie eine vorklappbare Doppel- sitzbank das bisherige „Sofa". Außerdem gelingt es den Konstrukteuren im Rahmen dieser Modellpflege, den knapp bemessenen vorderen Fußraum durch Veränderungen an den Scheinwerferaussparungen leicht zu vergrößern. Eine entscheidende Neuerung ist die Einführung eines getrennten Luft- zuführungssystems für Motorkühlung und Innenraumheizung, so dass die Heizluft nun nicht mehr wie zuvor als Kühlluft für den Motor genutzt wird, sondern separat angesaugt wird. Damit ist der lästige Ölgeruch in der Heizperiode end- gültig passé. Äußerlich erkennbar ist der neue Modelljahrgang an ver- größerten Radausschnit- ten und einer Sicke über den hinteren Radkästen. Noch im selben Jahr verlässt ein Samba-Bus als einmillionster Trans- porter das Werk und tritt seinen Dienst bei der UNICEF an.

Das Jahr 1963 bringt das Ende der Adenau- er-Ära und die Einführung des gründlich renovierten T1c. Erstmals in der T1-Typo- logie kann gegen Mehrpreis zwischen der normalen seitlichen Klapptür und einer neu konstruierten seitlichen Schiebetür gewählt werden. Erst auf den zweiten Blick fallen die nach innen geneigten Belüftungsschlitze und die größeren Blinkleuchten in der Front- maske auf, die trotz ihrer harmonischeren

Gesamtwirkung anfänglich als „Froschaugen" oder „Spiegeleier" verspottet werden. Hinten sorgen eine breitere Heckklappe mit Drucköffner und eine vergrößerte Heckscheibe für deutlich mehr Ladekomfort und eine verbesserte Rücksicht. Die bislang nur im Transporter 1500 verwendete verstärkte Vorderachse ist jetzt bei allen Modellen Standard. Schlauchlose Reifen im Format 7.00-14 auf Felgen der Größe 5J x 14 sollen eine bessere Straßenlage garantieren. Für ein gleichmäßigeres Bremsverhalten erhalten beide Achsen vier gleich große Trommelbremsen. Mit der Einführung einer neuen Eintonner-Ausführung, die ausschließlich in Verbindung mit dem stärkeren 42-PS-Motor angeboten wird, dehnt Volkswagen sein Nutzfahrzeugangebot auch auf die nächsthöhere Gewichtsklasse aus.

Nur ein Modelljahr später wird der T1 erneut modellgepflegt. Neben einem Zuwachs an Komfort gilt das Hauptaugenmerk der Ingenieure dieses Mal der Optimierung der Sicherheit. So gehört eine handbetriebene Wischwaschanlage jetzt ebenso zum serienmäßigen Lieferumfang wie größere und stärkere Scheibenwischer mit Endlagenabschaltung. Nach Motorschäden durch Überdrehen erhalten beide Maschinen einen Drehzahlbegrenzer. Außerdem werden für eine verbesserte Heizleistung größere Wärmetauscher verbaut. Zum Jahresende ersetzt schließlich ein pflegeleichter Kunststoffhimmel die bisherige Veloursbespannung. Dass soviel Feinarbeit auch von der Kundschaft honoriert wird, spiegelt sich in den Verkaufszahlen wieder: 1964 erreicht der T1-Absatz mit 200.325 Fahrzeugen weltweit einen neuen Höchststand. Grund für Konkurrent Ford Köln, auf die kostspielige Neuentwicklung eines FK 1000-Nachfolgers zu verzichten und stattdessen den von Ford England konstruierten Transit-Kurzhauber zu übernehmen.

1965, im Geburtsjahr des Autors, stellt Volkswagen mit dem Typ 147 einen speziell für die Deutsche Bundespost entwickelten kleinen Bruder des T1 vor. Da auch die Entwicklung des T2 bereits auf Hochtouren läuft, wird in der Öffentlichkeit heftig darüber spekuliert, ob der „Fridolin" genannte Postwagen nicht bereits eine kleine Kopie des neuen T2 darstellen könnte. Um die Verkaufszahlen angesichts dieser Meldungen nicht einknicken zu lassen, wird der T1 noch einmal behutsam aufgewertet. Ab August

Prototyp eines mobilen Postamts aus dem Jahr 1956: Außer der Verkaufstheke waren im Heck Briefmarkenautomaten und ein Briefkasten untergebracht. Zu wenig Platz und zu hohe Produktionskosten waren die Gründe dafür, dass die Bundespost Pläne für eine Serienfertigung nicht umsetzte.
Foto: Stiftung AutoMuseum Volkswagen

1965 erhält der 1500-cm³-Motor größere Ventile und leistet jetzt 44 PS. Außerdem sorgt eine kräftigere Lichtmaschine mit gesteckten Kontakten für ein konstanter arbeitendes Bordnetz. Ebenfalls in den Bereich der Elektrik fallen der jetzt zweimotorige Scheibenwischermotor, der neue Kombihebel für Blinker, Fernlicht und Lichthupe. Dadurch

Heckscheibe angepasst. Weitaus nachhaltiger gestalten sich jedoch die Veränderungen am Fahrwerk, wo ein neuer Frontstabilisator und rundum identische Teleskopstoßdämpfer das lästige „Einknicken" bei Vollbremsungen verhindern helfen. Da der Käfer-Motor bei den Bestellungen schon lange keine nennenswerte Rolle mehr spielt, wird er im Oktober 1965 ersatzlos aus der Preisliste gestrichen.

Sein letztes Modelljahr tritt der T1 im August 1966 mit einer neuen 12 Volt-Stromversorgung und zahlreichen Detailverbesserungen im Innenraum an. Dank des neu eingeführten Einschlüsselsystems gehört das umständliche Hantieren mit unterschiedlichen Bart- und Vierkantschlüsseln endlich der Vergangenheit an. Für den Exportmarkt ist erstmals eine Zweikreisbremsanlage verfügbar. Auch die Mechanik wird ein letztes Mal überholt. Noch im Januar 1967 werden eine Kurbelwelle mit doppelten Ölkanälen in Kreuzanordnung sowie ein neues Kurbelwellen-Hauptlager mit einer zweiten Ölbohrung eingeführt. Mit Beginn der Werksferien 1967 läuft die Produktion des T1 nach 1.800.000 gebauten Fahrzeugen in Deutschland aus. In

Die Besatzung dieses Trag-Kraftspritzenfahrzeugs aus Mitte der 1950er Jahre sorgt gerade für die Einsatzbereitschaft einer Magirus-Löschpumpe mit VW-Industriemotor. *Foto: Stiftung AutoMuseum Volkswagen*

Im Jahr 1965 entstanden diese zwei Prototypen für die Bundespost: Bei der Hochdach-Version geht die Schiebetür über die gesamte Fahrzeughöhe, die Version mit halbhohem Dachaufsatz hat eine normale Schiebetür. Beide Ausführungen kamen jedoch nicht über das Versuchsstadium hinaus und blieben Einzelstücke. *Foto: Stiftung AutoMuseum Volkswagen*

entfällt der VW-typische Fußabblendschalter. Die vorderen Seitentüren erhalten innen einen separaten Türöffnungshebel, und der Innenspiegel wird der 1963 vergrößerten

Brasilien bleibt er dagegen noch bis 1975 unverändert im Programm. Die Nachfolge des T1 tritt der mit Spannung erwartete T2 an.

Mit dem Bus ins Glück: Volkswagen Nutzfahrzeuge (www.volkswagen-nutzfahrzeuge.de) bietet
über 30 Fahrzeuge der Baureihen T1, T2, T3 und T4 am Firmensitz in Hannover zum Mieten an. So
lassen sich zum Beispiel Träume wie die Fahrt zur Trauung im legendären Samba-Bus verwirklichen.
Wer dann im Anschluss in die Flitterwochen starten möchte, der hat die Möglichkeit, einen
T4 California Exclusive von 1999 als Reisemobil zu mieten.

Dieser 1966er-Kombi in Lufthansa-Lackierung steht heute im VW-Museum.
Foto: Stiftung AutoMuseum Volkswagen

Auch bei der Lufthansa versahen in den vergangenen Jahrzehnten viele
Volkswagen ihren Dienst als Follow-Me-Fahrzeug, als Shuttle oder Gepäck-
transporter. Hier steht ein T1 gerade vor einer Vickers V-814 „Viscount", die
von 1958 bis 1971 bei der Lufthansa für Langstreckenflüge eingesetzt wurde.
Die Beschriftung auf dem Transporter wurde damals übrigens nicht wie heute
üblich mittels aufgeklebter Folien angebracht, sondern von Hand lackiert.
Foto: Deutsche Lufthansa AG

Dieser 1953 gebaute Typ 23 Kombiwagen, ein sogenannter „Flachstirner", verfügt bereits über die in diesem Baujahr frisch eingeführten Ausstellfenster mit Drehmechanismus. Das Fahrzeug ist zuletzt vor über 30 Jahren restauriert worden und wird noch heute gelegentlich im Alltagsbetrieb eingesetzt.

Leider nicht mehr ganz original präsentiert sich der Kombiwagen am Fahrzeugheck, wo ein Unfallschaden in den 1960er Jahren für den Verlust der Einfachlampen gesorgt hat. Für viele jüngere Bulli-Fans ein ungewöhnlicher Anblick: die bis 1955 fehlende Heckklappe.

„Er ist ein Reisewagen und ein Firmenwagen, ein Familienwagen und ein Campingwagen", titelte im August 1963 die VW-Werbung für den modellgepflegten T1c-Personentransporter. Die elegante Farbkombination Seeblau/Lotosweiß des hier gezeigten Exemplars war jedoch erst ab 1965 verfügbar.

Durch seine um knapp ein Drittel vergrößerte Heckklappe lässt sich der T1c nicht nur besser beladen, sondern wirkt auch optisch deutlich moderner. Geöffnet wird die Heckklappe mit einem einfachen Druckknopf. Der Drehknauf und die halbmondförmige Griffvertiefung des Vorgängers sind entfallen.

Praktisch: Die großen Seitentüren ermöglichen einen ungehinderten Einstieg in den Fahrgastraum.

Um ein ehemaliges Strahlenmessfahrzeug des Deutschen Roten Kreuzes handelt es sich bei diesem 1961 gebauten T1b mit original 33.000 km auf dem Kilometerzähler. Im Rahmen seiner Restaurierung wurde das Fahrzeug vor sechs Jahren zu einem äußerst eleganten Kleinbus umgebaut.

VW T1 Typ 221 Kleinbus Baujahr 1961. Mit seinen Sealed-Beam-Klarglas-scheinwerfern ist dieser T1 aus dem Jahr 1961 un-schwer als US-Reimport zu erkennen. Der Kleinbus lief einst in den USA als Werbe-fahrzeug eines Großkon-zerns und wurde nach seiner Rückkehr in die alte Heimat „frame off" restauriert

Unten: Mit seiner zeitge-nössischen Werbebeschrif-tung steht dieser 1966 für den US-Markt gebaute Fens-terbus für die letzte Ära der T1-Generation. Für einen hö-heren Nutzwert wurde das Fahrzeug mit einer werksei-tig erhältlichen Campingaus-stattung versehen.

Komplett in Eigenleistung restauriert wurde 2012 auch dieser T1c-Kombi aus dem Jahr 1966, der früher zum Einsatzbestand des Malteser Hilfsdienstes gehörte. Der bereits mit 12-V-Bordelektrik ausgestattete Fensterbus wird auch heute noch von seinem originalen 1,5-l-Motor mit 44 PS angetrieben

Original 50.150 km auf dem Tacho hat dieser 1966 zugelassene T1c Typ 221. Der aufwändig restaurierte Kombiwagen wurde werkseitig als Neunsitzer ausgeliefert und verfügt inzwischen auch über eine optionale Campingausstattung nach Westfalia-Vorbild.

Die Erinnerung an die Reklamebusse der Wirtschaftswunderzeit hält dieser in Eigenleistung restaurierte T1-Bus aus dem Jahr 1967 aufrecht. Zur Erweiterung des Ladevolumens dient ein 1958 gebauter Westfalia-Anhänger im selben Look.

Als Personentransporter waren bereits die ersten Typen 22 und 28 zweifarbig lackiert und mit einer „soliden, geschmackvollen und geräuschdämpfenden Gesamtverkleidung" ausgestattet. Dass die Sitze später jedoch einmal edles Leder tragen würden, hätte 1955 sicherlich niemand gedacht. *Foto: Walter Heinrich*

Ursprünglich in den USA unterwegs war dieser im Jahr 1963 vom Band gelaufene T1c, der 48 Jahre später nach Deutschland zurückgeholt und anschließend einer Komplettrestaurierung unterzogen wurde.

Oben: Mit dem „Kleinbus Sonderausführung", im Volksmund besser bekannt als „Samba-Bus", präsentierte VW 1951 einen luxuriösen Achtsitzer mit Panoramaverglasung und Sonnendach. Das abgebildete Fahrzeug stammt aus dem Jahr 1952 und gehört zu den perfektesten Beispielen deutscher T1-Leidenschaft.

Rechts: Dank eleganter Zweifarbenlackierung und Chromapplikationen macht der „Samba-Bus" auch von hinten einen äußerst gediegenen Eindruck. Heute gehört diese Modellvariante mit einem Marktwert von rund € 100.000,- zu den begehrtesten VW-Transportern überhaupt.

Die ovalen Rückleuchten weisen diesen Personentransporter als ein nach 1961 gebautes Fahrzeug aus. Zeitgleich wurde die halbmondförmige Griffmulde oberhalb des Heckklappengriffs eingeführt.

Dieser T1b Typ 22 Personentransporter gehört damals wie heute zu den meist verbreiteten T1-Varianten. Das abgebildete Fahrzeug wurde 1962 gebaut und befindet sich seit seiner Restaurierung im damaligen Auslieferungszustand.

Der „Kleinbus Sonderausführung", besser bekannt als „Samba-Bus", war das Topmodell der T1-Baureihe. Das hier vorgestellte Fahrzeug lief 1967 vom Band und ist mit einem optional erhältlichen Westfalia-Campingpaket ausgestattet.

Mit dem Kleinbus Sonder-
ausführung präsentierte VW
1951 einen luxuriösen Achtsitzer mit Panoramaschei-
ben und Sonnendach. Das
hier gezeigte Modell
stammt aus dem Jahr 1965
und wurde von seinem
Besitzer in über sieben
Jahren Restaurierungszeit
neu aufgebaut

Um einen mustergültig restaurierten US-Import han-
delt es sich bei dieser
T1b-Doppelkabine aus dem
Jahr 1962, die neben aus-
stellbaren Safari-Fenstern
über einen leistungsgestei-
gerten 1,6-Liter-Motor mit
60 PS verfügt.

Die durchgehend ebene und 4,20 m² große Ladefläche des Pritschenwagens erweist sich bei größeren Transportaufgaben als äußerst zweckdienlich. Kein Wunder, dass das abgebildete Fahrzeug bis vor wenigen Jahren noch gelegentlich im Alltagsgeschäft eingesetzt wurde.

Aus dem Bestand eines italienischen Olivenbauern stammt dieser 1963 gebaute Pritschenwagen Typ 26. Das Fahrzeug wurde 2000 in Eigenleistung restauriert und verfügt noch über den Originalmotor mit 34 PS und einer Laufleistung von weniger als 95.000 km.

Dank ihrer Kombination aus Personentransporter und Pritschenwagen war die Doppelkabine vor allem bei Handwerksbetrieben beliebt.
Ursprünglich aus Kalifornien stammt dieser VW T1c Typ 265 Doppelkabine aus dem Jahr 1964. Das Fahrzeug fand über den Umweg Niederlande wieder zurück nach Deutschland.

Unten: Aus dem sonnigen Sacramento stammt dieser T1b-Pritschenwagen, der noch heute gelegentlich im Nutzfahrzeugalltag zu bewundern ist. Das unrestaurierte und im seltenen patinierten Originalzustand erhalten gebliebene Exemplar ist Baujahr 1958 und befand sich rund 50 Jahre im Erstbesitz.

Mit original 348 km auf dem Kilometerzähler gehört diese einst bei einem VW-Händler „vergessene" Doppelkabine Typ 265 aus dem Jahr 1960 zu den wohl seltensten VW-Transportern weltweit. Selbstredend, dass sich das Fahrzeug noch heute technisch und optisch im Neuzustand befindet.

Fast filigran wirkt die Rückansicht des vor allem bei Handwerkern und Gärtnereibetrieben populären „Pritschenbusses", den es einige Jahre zuvor bereits in einer ähnlichen Ausführung von der Firma Binz in Lorch zu kaufen gab.

An der Stelle der beim normalen Pick Up obligatorischen Tresorklappe befindet sich bei der Doppelkabine der Tankeinfüllstutzen. Für Vortrieb sorgt bei dem hier abgebildeten Fahrzeug der 1,6 l-Motor mit 50 PS.

Mit einem zeitgenössischen Dachdeckeraufzug Bauart Böcker präsentiert sich diese 1964 neu zugelassene T1c-Doppelkabine Typ 2616. Als Wetterschutz für die Ladung dient eine aufrollbare Plane, so dass auch nässeempfindliche Werkstoffe transportiert werden können. Gut zu sehen: die im Vergleich zur T1b-Doka geänderte Aufteilung der Seitenfenster.

Oben: Einfach und doch zweckmäßig: Auf Basis des normalen Pritschenwagens Typ 26 stellten verschiedene Karosseriebaufirmen spezielle Stapelterrassen für Mehrwegkästen her. Je nach Einsatzschwerpunkt und Geldbörse des Auftraggebers wahlweise in Holz- oder Metallbauweise.

Plakative Ganzreklame bestimmte bereits in der Wirtschaftswunderzeit das Erscheinungsbild vieler Nutzfahrzeuge. So auch bei diesem T1b-Getränkewagen, der für die heute nicht mehr erhältliche Limonade Florida Boy wirbt.

Wie bei Fahrzeugen mit Vorkriegstechnik üblich, besaß auch der
VW-Transporter der ersten Generation eine Anlasserkurbel.
Foto: Stefan Gross

Auch von hinten zeigt sich der rüstige
Pick Up wie gerade aus dem Verkaufs-
raum gefahren. Einfachlampen und
das mittige Bremslicht lassen das Herz
eines jeden Bulli-Freundes höher
schlagen. Ungeachtet seines hohen
Alters wird das Fahrzeug noch heute
gelegentlich im Fuhrpark eines
Blumencenters eingesetzt.
Foto: Stefan Gross

Nach Jahrzehnte langer Abstellzeit konnte dieser im Originalzustand erhalten gebliebene Typ 26 „Pritschenwagen Pick Up"
in den 1990er Jahren von seinem heutigen Besitzer für gerade
einmal DM 400,- erworben werden. Nach entsprechender Auf-
arbeitung glänzt das seltene Fahrzeug heute wieder wie bei
seiner Auslieferung im Jahr 1953. *Foto: Stefan Gross*

Die Bausparkasse Schwäbisch Hall betrieb in den 1950er und 1960er Jahren eine kleine Flotte von 15 Demowagen auf Basis von VW T1-Pritschenwagen. Auf der Ladefläche präsentierte sich unter einer großen Plexiglasabdeckung eine Art Diorama, bestehend aus fünf Beispielhäusern mitsamt Grünanlage und Figuren.
Bei dem hier gezeigten Fahrzeug handelt es sich um einen Nachbau eines solchen Demowagens Die Bausparkasse Schwäbisch Hall vergab im Jahre 2010 – passend zum 80-jährigen Firmen-Jubiläum – bei der Firma Meyer-Autodienst aus Schwäbisch Hall diese Replika in Auftrag, wo man mit Hilfe von nur extrem wenig Vorlagenmaterial diese perfekte Nachfertigung realisierte.
Ende 2017 wurden medienwirksam in einem oberfränkischen Wald die Überreste eines dieser speziellen T1-Demo-Pritschentransportern geborgen, der 55 Jahre zuvor nach einem Unfall an Ort und Stelle vergraben wurde.

Da Kastenwagen als reine Nutzfahrzeuge einem besonders hohen Verschleiß ausgesetzt waren, haben nur wenige ihr Rentenalter erlebt. Die Abbildung zeigt einen ursprünglich in Lausanne eingesetzten Typ 21 „Lieferwagen" der zweiten Generation in einer für einen T1b ungewöhnlich grellen Farbgebung. *Foto: Tom Aebersold*

Für die als „Hausfrauenberatung" deklarierten Promotiontouren zur Bewerbung ihrer Backprodukte unterhielt der Lebensmittelkonzern Dr. Oetker eine stattliche Anzahl VW-Transporter. Die Erinnerung daran hält dieser T1b-Kastenwagen wach, der auf dem Foto mit einem zeitgenössischen Westfalia-Einachshänger zu sehen ist. *Foto: Walter Heinrich*

Als ein weit über die Aachener Stadtgrenze hinaus bekannter Werbeträger fungiert dieser T1c Typ 21 Kastenwagen aus dem Jahr 1964. Seit 2007 befindet sich das Fahrzeug im Unternehmensfuhrpark und wurde vor seiner Wiedergeburt als Werbefahrzeug aufwändig überholt.

Um einen US-Import handelt es sich bei diesem komplett im Originalzustand restaurierten T1b Typ 21 Kastenwagen, Baujahr 1957. Der bereits mit dem leistungsstärkeren 30-PS-Motor ausgelieferte Kleintransporter verfügt als Besonderheit über eine seinerzeit aufpreispflichtige zusätzliche Landeraumtür auf der Fahrerseite.

Unten: Ebenfalls eine Vergangenheit als Feuerwehrwagen hat dieser T1b Typ 21F von 1961: Der Kastenwagen wurde von seinem heutigen Besitzer zu einem überaus stilvollen Werbefahrzeug für den eigenen Kraftfahrzeugbetrieb hergerichtet, wobei eine möglichst authentische Restaurierung und Gestaltung im Vordergrund stand.

Als Werbeträger und bedarfsweise eingesetzter Montagewagen fungiert dieser im typischen Stil der Sechziger gehaltene T1c aus dem Jahr 1965. Als Basisfahrzeug diente auch hier ein ehemaliger Feuerwehrwagen mit „beachtlichen" 65.000 km auf dem Kilometerzähler.

Unten: Zum Fuhrpark der Berufsfeuerwehr Mülheim an der Ruhr gehörte einst dieser dezent individualisierte T1c aus dem Jahr 1964. Der seiner Feuerwehrausrüstung gänzlich beraubte Kastenwagen Typ 21F wird heute von einem 1,8-l-Motor mit 80 PS Leistung angetrieben.

Fast wie in alten Zeiten: Rheinbahn-T1 trifft bei seinem „Einsatz" den inzwischen ebenfalls historischen Straßenbahntriebwagen 1289.

Bei diesem 1998 mustergültig rekonstruierten T1c-Servicewagen der Düsseldorfer Rheinbahn AG, der von der historischen Arbeitsgemeinschaft „Linie D e.V." betreut wird, handelt es sich ursprünglich um einen 1967 in Dienst gestellten Gerätewagen der Freiwilligen Feuerwehr Bremervörde.

Um ein ehemaliges Feuerwehrfahrzeug handelt es sich bei diesem unrestaurierten Kastenwagen: Die komplette Feuerwehrsonderausstattung des T1c Typ 21 F TSF (T), Baujahr 1964, musste weichen, um auf diese Weise Platz zu schaffen für eine praktische Campingausstattung. Für einen der sportiven Optik angemessenen Vortrieb sorgt ein leistungsgesteigerter Motor mit 170 PS.

Ausgangsbasis für diesen im Stil des US-Kulttuners EMPI gehaltenen T1c ist ein 1966 in Dienst gestelltes Feuerlöschfahrzeug TSF 1 mit 44 PS Leistung und einem zulässigen Gesamtgewicht von stattlichen 2150 kg.

Die roten US-Heckleuchten des im Jahr 2003 gründlich restaurierten Kastenwagens wie auch die auffällige Zweifarbenlackierung sind eine Hommage an die legendären VW Busse der amerikanischen Flowerpower-Generation.

Wieder in den Auslieferungszustand ohne Blinkleuchten zurückversetzt wurde dieser mit zeitgenössischer Kolonialwarenwerbung versehene T1b-Kastenwagen aus dem Jahr 1956. *Foto: Archiv*

Die Personenbusse Typ 22 und 28 unterschieden sich bereits auf den ersten Blick durch ihre serienmäßige Zweifarbenlackierung von den Kombiwagen. Im Innenraum sorgte eine Gesamtverkleidung mit Geräuschdämmung für entsprechenden Komfort. *Foto: Walter Heinrich*

Nicht zuletzt die Wohnmobile aus Wiedenbrück sorgten in den USA für eine enorme Popularität des Bullis. Der hier gezeigte T1b Typ 23 SO 34 Campingwagen wurde 1960 zu seinem Erstbesitzer nach Houston exportiert und befindet sich bis heute im ungeschweißten Erhaltungszustand. Mit einer Motorleistung von 160 PS zählt er dabei zu den schnelleren Vertretern seiner Zunft.

Zu einem individuell ausgestatteten Wohnmobil wurde dieser noch heute als Alltagsauto bewegte T1c Typ 23 Kombi aus dem Jahr 1966 umgebaut. Mit seinem nunmehr dritten Antriebsmotor hat er eine Gesamtlaufleistung von beachtlichen 500.000 km erreicht.

Ursprünglich in den USA beheimatet war dieser 1959
gebaute Westfalia-Cam-
pingwagen, bevor er über
den Umweg England den
Weg zu seinem heutigen
Besitzer in Deutschland
fand. Der im klassischen
Taubenblau lackierte T1b
Typ SO 23 erhielt für die
US-Zulassung bereits
ab Werk Sealead-Beam-
Scheinwerfer, rote Schluss-
leuchten und eine Warn-
blinkanlage.

„Old School" präsentiert sich dieser VW-Campingwagen Typ SO 33, der im Jahr 1962 von der Firma Westfalia in Wiedenbrück gebaut wurde. Trotz seines etwas martialisch wirkenden Auftritts verfügt der Tuningbus bis heute über seinen originalen 34-PS-Motor.

Typisch für die zweckmäßige Inneneinrichtung des SO 33 war neben der durchdachten Raumaufteilung das gelungene Zusammenspiel verschiedenfarbiger Echtholz-Furniere.

Camping wie in den „Sixties"
ermöglicht dieser mit sämtli-
chen Zubehörteilen im unrestaurierten Originalzustand
erhalten gebliebene Westfalia-Campingwagen SO 34
„Flip Seat". Das Fahrzeug
wurde 1964 von einer deutschen CIA-Mitarbeiterin über
einen Grauimporteur in den
USA erworben und gelangte
über den Umweg England zu
seinem heutigen Besitzer.

Typisch Sechziger-Jahre:
Bunte Bettenlandschaft des
Ausstattungspakets SO 34.

Spartanisch: Armaturenbrett mit Blaupunkt-Radio „Frankfurt" und Flaschenhalter „Made in USA".

Wertarbeit: Bordbar des Westfalia SO 34 mit zeittypischen Trinkgefäßen.

Stilles Örtchen: Original Westfalia-Campingabort im kombinierten WC- und Umkleidezelt.

Reisen pur verkörpert dieser mustergültig restaurierte „Typ 23 Kombi als Campingwagen" mit großem Vorzelt und den für einen perfekten Urlaub erforderlichen Freizeitutensilien. Bemerkenswert ist die Verwendung eines großen Dachgepäckträgers in Verbindung mit der Dachluke. *Foto: Tom Aebersold*

Unrestauriert und noch mit dem ersten Lack präsentiert sich dieser 1966 gebaute Westfalia-Campingwagen in der Luxusausführung SO 44 mit großem Dormobile-Ausstelldach und insgesamt sechs Schlafplätzen. Die Bügelstoßstangen weisen auf die US-Ausführung hin.

Große Klappe, wenig dahinter: Da beim SO 44 auch die Motorraumabdeckung als Schlafplatz ausgelegt ist, steht den Reisenden vergleichsweise wenig Stauraum zur Verfügung.

Luftiges Hotel auf Rädern: Um Stehhöhe zu erlangen, ersetzte ab 1965 ein kleines Hubdach in der Fahrzeugmitte die frühere Dachklappe. Zur Ausstattung SO 44 gehört auch hier der Schlafplatz auf dem Motorkasten.

Blick auf die Küchenzeile mit Gaskocher und Spülbecken.

Ebenfalls um einen SO 44 mit Dormobile-Aufbau handelt es sich bei diesem mustergültig erhaltenen Campingbus aus dem Jahr 1965. Zur Vergrößerung des Stauraums wurde einfach das Ersatzrad an die Fahrzeugfront montiert, was jedoch häufig zu Deformationen des Frontblechs führte.

Das glasfaserverstärkte, an drei Metallstreben geführte Kunststoff-Hubdach von Dormobile verfügt über drei verschließbare Belüftungsfenster mit eingenähten Moskitonetzen.

Dieser im März 1967 zugelassene Typ 23 verkörpert die letzte Ausbaustufe des Westfalia-Campingbusses auf T1-Basis. Obligatorisch für dieses Modell ist der verkürzte Westfalia-Dachgepäckträger, der hier mit zeitgenössischem Urlaubsgepäck bestückt ist. Der Bus befand sich von 1967 bis 1989 im Erstbesitz und wurde von seinem heutigen Eigentümer 1993/94 aufwändig restauriert.

Ursprünglich in Arizona zuhause war dieser erst im Jahr 1969 zugelassene Campingwagen SO 42. Diese Ausführung stellte mit über 12.000 verkauften Einheiten seinerzeit das Westfalia-Bestsellermodell dar. Der hier gezeigte T1c wurde originalgetreu restauriert und befindet sich seit 2015 im Bestand seines heutigen Besitzers.

An die einstige T1-Firmenwagenflotte des Dachdeckerunternehmens Hachmann erinnert dieser in liebevoller Kleinarbeit aufbereitete T1b-Pritschenwagen aus dem Jahr 1959. Der hier angekoppelte Langmaterialtransportanhänger SO 14 desselben Jahrgangs wird noch heute genutzt.

Mit seinem komplett drehbaren Schemel lässt sich das Transportgespann mühelos durch enge Gassen und Toreinfahrten manövrieren.

Unten: Ein heute nicht mehr alltäglicher Anblick ist dieser 1967 gebaute Pritschenwagen Typ 261 mit seinem fünf Jahre älteren Langmaterialtransport- und Stückgutanhänger SO 24 der Fahrzeugfabrik Fickers in Neuenhaus. Vor allem für kleinere Handwerksbetriebe stellte dieses Gespann eine günstige Alternative zu einem größeren Lkw dar.

Rechte Seite, oben: Die seit 1953 im VW-Programm befindliche Drehleiter DL 10 der Firma Meyer/Hagen erfreute sich vor allem bei Dachdeckern und Elektroinstallateuren großer Beliebtheit. Mit einer Arbeitshöhe von 10 m war die manuelle Steighilfe sogar für den anspruchsvollen Fahrleitungsbau geeignet. *Foto: Walter Heinrich*

Rechte Seite, unten: Im Gegensatz zum SO 24 ist der Langmaterialtransportanhänger SO 14 nur als Rungen-Nachläufer ausgeführt. Baugleich ist allerdings der Drehschemel, der hier auf einer 1966 für den portugiesischen Markt gebauten Doppelkabine mit nachgerüsteten Porsche-Felgen montiert ist.
Foto: Stefan Gross

In voll funktionsfähigem, un-restauriertem Originalzu-stand befindet sich dieser 1965 gebaute Pritschen-wagen Typ 261 mit Ruth-mann-Hubsteiger-Aufbau Typ V 60, der über drei Jahrzehnte zuverlässig seinen Dienst bei der Ener-gieversorgung Ostbayern verrichtete.

Mit einem Kaufpreis von knapp DM 19.500,- war der Ruthmann-Hubsteiger das teuerste Modell der T1-Reihe. Folglich richtete sich das im westfälischen Gescher produzierte Fahr-zeug vorrangig an Behörden und Energieversorgungs-unternehmen.

Der skurrilste T1 der Welt ist sicherlich dieser „Mental Breakdown" genannte Dragster, auch wenn er strenggenommen nur noch das Fahrerhaus mit dem Bulli gemein hat. 1700 PS aus 8400 cm³ Hubraum ermöglichen Beschleunigungszeiten wie bei einem Düsenjet. *Foto: HFD*

Im August 1963 präsentierte VW die dritte Generation des genormten Feuerlöschfahrzeugs „21F TSF", das mit einem zulässigen Gesamtgewicht von 2150 kg das bis dahin tragfähigste VW-Modell darstellte. Dank seines vergleichsweise günstigen Anschaffungspreises löste es bei vielen Werksfeuerwehren noch aus der Vorkriegszeit stammende Löschfahrzeuge ab. *Foto: Walter Heinrich*

Um den ersten Kastenwagen aus dem Werk Hannover handelt es sich bei diesem 1956 gebauten 21F Kombi-Mannschaftswagen. Das Foto zeigt ihn nach seiner Restaurierung als Einsatzfahrzeug der Freiwilligen Feuerwehr Eveshausen.

Rückansicht des 21F mit originaler Einfachbeleuchtung und Westfalia-Dachgepäckträger zur Aufnahme von Löschschläuchen.

Der Behelfssitz im Türbereich diente im Alarmfall zum schnellen Öffnen der Klapptüren. Die eigentlich für ein zügiges Absitzen geeignetere Schiebetür war erst ab 1963 verfügbar.

Mit einer Laufleistung von lediglich 7173 km gehört dieses 1961 gebaute Feuerlöschfahrzeug der ehemaligen Werkfeuerwehr der Weberei Becker & Bernhard heute zu den absoluten Raritäten. Der im Textil-Werk Bocholt hinterstellte T1b Typ 21F TSF-T präsentiert sich zudem unrestauriert und im Erstlack.

Ebenfalls um ein Rarität handelt es sich bei diesem 1966 von der Total Feuerschutz GmbH an die Feuerwehr Iserlohn gelieferten T1c. Der zuletzt auf dem Sportflugplatz Hegenscheid eingesetzte Feuerwehrkastenwagen ist ungeschweißt, im Erstlack und hat lediglich 20.458 km auf dem Tacho.

Mit einer Laufleistung von nur 54.000 km zählt dieses ehemalige Strahlenmessfahrzeug des Deutschen Roten Kreuzes zu den besonderen Raritäten in der T1-Szene. Der T1b Typ 23 Kombi stammt aus dem Jahr 1960 und befindet sich im unrestaurierten Originalzustand.

Neben den Kommunen und Wohlfahrtsverbänden gehörten auch zahlreiche Werksfeuerwehren im In- und Ausland zu den Abnehmern des VW-Krankenwagens. Die Abbildung zeigt einen 1962 von der Firma Sandoz/Schweiz in Dienst gestellten Typ 27 mit original erhalten gebliebener Signalanlage. *Foto: Walter Heinrich*

Auf Basis des Großraumkastenwagens M 222 entwickelte das Clinomobilwerk in Hannover 1962 mit dem „Clinomobil" den Vorläufer der heutigen Rettungswa-
gen. Allerdings steckte das mobile Rettungswesen noch in den Kinderschuhen, so dass während der Fahrt weder operative, noch akut lebenserhaltende Maßnahmen durchgeführt werden konnten.

Aufgrund des hohen Dachaufbaus und der weit nach oben zu öffnenden Heck-klappe des Ausgangsmodells M 222 konnte beim Clinomobil auf kosteninten-sive Karosserieänderungen verzichtet werden.

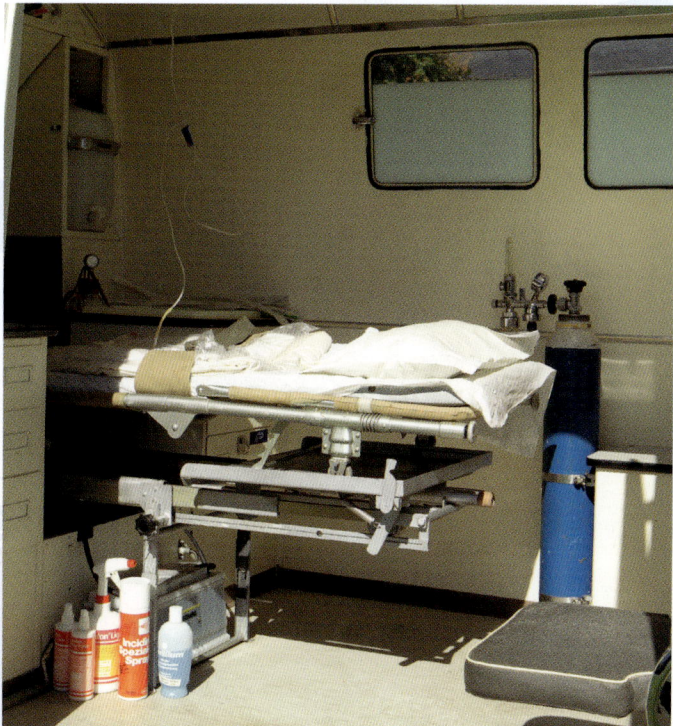

Blick in die medizinische Versorgungseinrichtung des im unrestaurierten Ori-ginalzustand erhaltenen Clinomobils, die sich im Vergleich mit heutigen Ret-tungswagen äußerst spartanisch und beengt darstellt.

Der Aufbau des von 1955 bis 1995 bei der Werksfeuerwehr der belgischen Cristal-Brauerei eingesetzten Löschfahrzeugs wurde unter Beibehaltung der Karosseriegrundform aus einem normalen Kastenwagen „herausgearbeitet".

Der filigrane Haltebügel des Leitersatzes übernimmt zugleich eine stabilisierende Funktion für den Karosserieaufbau. Äußerst durchdacht ist auch die gute Zugänglichkeit der aus deutscher Produktion stammenden Tragkraftspritze.

Für die zahllosen VW-Transporter mit ausländischen Karosserieaufbauten steht dieser im unrestaurierten Originalzustand erhalten gebliebene T1a-Feuerwehrwagen des belgischen Karosseriebauers André Iliaens/Alken.

Eisenbahntypisch verfügen die Draisinen auf der Rückseite über ein rotes Schlusslicht. Die Bremsleuchte über dem Nummernschildhalter wurde dennoch beibehalten. *Foto: Mathias Bootz/Eisenbahnbedarf Bad Nauheim*

Da der Klv 20 als Einrichtungsfahrzeug konzipiert wurde, erfolgt der Fahrrichtungswechsel mit Hilfe eines ausfahrbaren Hydraulikstempels mit Drehteller. Die Abbildung zeigt den mustergültig restaurierten Klv 20-5011 der Butzbach-Licher Eisenbahnfreunde. *Foto: Markus Schmidt/Sammlung Bootz*

Im Auftrag für die Deutsche Bundesbahn wurden 1955 von den beiden Herstellern Beilhack (Rosenheim) und WMD (Donauwörth) insgesamt 30 Eisenbahn-Draisinen der Baureihe Klv 20 auf Basis des T1 gefertigt. Sie dienten den Eisenbahnern als leichte Dienstfahrzeuge zur Kontrolle der Gleise und Signalanlagen. Bis 1977 wurden bei der DB alle T1-Draisienen ausgemustert. Das hier vorgestellte Fahrzeug Klv 20-5022 – eines von noch sieben existierenden – wurde am 25. Juli 1955 von WMD zum Preis von DM 14.000,- an die Bundesbahn ausgeliefert. Mit dem 24-PS-Motor beschleunigte das mit bis zu sieben Personen besetzte Fahrzeug auf 65 km/h. Heute ist dieses besondere Busexemplar bei der Museumsbahn „Hessencourrier" beheimatet.

1967-1979

VW BUS T2

Die nächste Generation tritt an

Die Entwicklung der zweiten Transporter-Generation nimmt fast drei Jahre in Anspruch und ist gekennzeichnet von einer wirtschaftlich schwierigen Lage. Die sich rasch verschärfende Rezession mit einem hohen Haushaltsdefizit und schnell steigende Arbeitslosenzahlen führten sowohl in der Wirtschaft als auch in der Bevölkerung zu einer großen Verunsicherung. Für die VW-Verantwortlichen keine guten Voraussetzungen, um ein neues Fahrzeugmodell entwickeln zu lassen, und auch die eigentliche Entwicklungsarbeit verläuft nicht nach Plan. Neben

immer wieder auftretenden Haarrissen an der selbsttragenden Karosserie und massiven Schwierigkeiten mit deren Festigkeit können auch so wichtige Punkte wie die Crashsicherheit oder die Wirksamkeit der neu entwickelten Sicherheitslenkung zunächst nicht zufriedenstellend gelöst werden. Aber auch vermeintlich einfache Bauteile, wie zum Beispiel die Regenrinne über der Windschutzscheibe, bereiten den Konstrukteuren mehr Kopfzerbrechen als erwartet. So ergießen sich bei Bremsmanövern im Regen immer wieder ganze Sturzbäche über die Frontscheibe, was erst durch mehrmalige Änderung der Rinnenform in den Griff zu bekommen ist. Doch bis zum offiziellen Produktionsbeginn des neuen T2 am 1. August 1967 ist auch dieses Problem bewältigt. Auffälligster Unterschied zum Vorgängermodell ist seine deutlich glattere Fahrzeugfront mit einteiliger Panoramawindschutzscheibe und stehend eingebauten Scheinwerfern. Außerdem wirkt der T2 dank seiner um 140 mm längeren Karos-

Auch für die Modellpalette der zweiten Transportergeneration war eine Doppelkabinen-Version vorgesehen. Der hier gezeigte frühe Prototyp stammt aus dem Jahr 1967. *Foto: Stiftung AutoMuseum Volkswagen*

Die Erfolgsgeschichte ging weiter: Nur gut fünfeinhalb Jahre nachdem der 1.000.000ste Transporter vom Band lief, hatte man am 5. Februar 1968 im Werk Hannover wieder Grund zum Feiern, nämlich die Fertigstellung des zweimillionsten Exemplars dieser Gattung. *Foto: Stiftung AutoMuseum Volkswagen*

serie bei unterveränderter Breite deutlich gestreckter, was nicht nur der Optik zugute kommt, sondern auch für mehr Stauraum sorgt. Die Formensprache ist eher vom Typ 3 inspiriert, während der T1 noch die Gene des Käfers zur Schau stellt.

Auch die Anmutung des Innenraums zeigt sich längst dem Käfer entwachsen. Alles wirkt wesentlich hochwertiger und moderner. Neben einem komplett neu gestalteten Armaturenträger mit drei Rundinstrumenten und ergonomisch angeordneten Bedienelementen präsentiert sich der Innenraum

Mit einer völlig neu konstruierten Schräglenker-Hinterachse ohne Untersetzungsgetriebe trat 1967 der T2 die Nachfolge des erfolgreichen T1 an. Fahrkomfort und Fahreigenschaften verbesserten sich durch die neue Hinterachsgeometrie deutlich. *Foto: Stiftung AutoMuseum Volkswagen*

vor allem in der Busversion auf Limousinenniveau. Hinzu kommen eine ganze Reihe neuer Sicherheitsmerkmale, die von versenkt angeordneten Türinnengriffen über eine pressluftbetriebene Wischwaschanlage bis zum mittig im Armaturenbrett angeordneten Handbremsknauf anstelle des bisherigen Fußbodenhebels reichen.

Größere Außenspiegel helfen dem Fahrer beim Rangieren, und die serienmäßige seitliche Schiebetür sorgt für mehr Komfort beim Be- und Entladen. Im oberen Bereich der C-Säule wird die Kühlluft für den Motor jetzt über spezielle Windleitbleche zugeführt, womit die charakteristischen

*Als ideales Fahrzeug für kommunale Fuhrparks oder die Baubranche war die Doppelkabinen-Version, die erstmals 1958 im Volkswagen-Werk selbst produziert wurde und nicht bei der Firma Binz im württembergischen Lorch, auch in der zweiten Auflage ein großer Verkaufserfolg.
Foto: Stiftung AutoMuseum Volkswagen*

Luftschlitze des T1 entfallen. Die größere Karosserie und die bessere Ausstattung wirkten sich natürlich ungünstig auf das Fahrzeuggewicht aus, was jedoch durch den überarbeiteten Boxermotor mit nunmehr 47 PS aus 1584 m³ Hubraum kompensiert werden konnte. Gegen das Mehrgewicht von immerhin 105 kg stemmt sich ein maximales Drehmoment von 106 Nm bei 2800/min.

Maßstäbe setzt die neue, an Längs- und Schräglenkern geführte Hinterachse mit Doppelgelenkantriebswellen, die für einen

Pkw-ähnlichen Fahrkomfort und fast schon sportliche Fahreigenschaften sorgt. Aber auch die Bremsanlage zeigt sich nun ganz auf der Höhe der Zeit: Den verschärften Sicherheitsbestimmungen in weiten Teilen Europas hat Volkswagen mit einem serienmäßigen Zweikreisbremssystem Rechnung getragen, das es in dieser Form auch im Typ 3 gibt.

Die Modellpalette umfasst wiederum sämtliche vom T1 her bekannten Karosserievarianten und Sonderaufbauten. Eine Ausnahme bildet lediglich der ersatzlos gestrichene Samba-Bus, dessen bisherige Spitzenstellung das neue Topmodell „Clipper" einnimmt. Der wahlweise als Sieben- und Achtsitzer erhältliche Luxusbus muss allerdings ohne Dachverglasung und Stoffdach auskommen. Wer mehr „Licht, Luft und Sonne" in sein Fahrzeug lassen möchte, muss auf das für alle Busse ab Januar 1968 verfügbare Stahlschiebedach zurückgreifen. Durch das Fehlen dieser Alleinstellungsmerkmale bleibt der Erfolg des ab DM 9700,- erhältlichen Clippers weit hinter den Erwartungen zurück. Nach einem verlorenen Rechtsstreit mit der amerikanischen Fluggesellschaft PanAm, die sich das Namensrecht für den Hochseebegriff gesichert hat, steht der Luxus-T2 ab 1968 nur noch als „Siebensitzer L" bzw. „Achtsitzer L" im Verkaufsprospekt – äußerlich erkennbar am

dezenten Chromschmuck und der serienmäßigen Zweifarbenlackierung.

Trotz der gegenüber dem T1 stark gestiegenen Grundpreise – DM 6475,- für die Pritsche, DM 6980,- für den Kombi und DM 7980,- für den Bus – knüpft der T2 nahtlos an den Erfolg seines Vorgängers an. So kann 1968 nicht nur der zweimillionste VW-Transporter überhaupt verkauft werden, sondern zugleich auch der zweihunderttausendste in Deutschland produzierte T2! Dieser Senkrechtstart trotz Wirtschaftsflaute an die Spitze der europäischen Kleintransporter verblüfft nicht nur die erfolgsverwöhnte VW-Führung, sondern auch die Redakteure vieler namhafter Fachmagazine, die sich eigentlich mehr optische Distanz zum Vorgänger gewünscht hätten. Doch wie schon beim T1 belässt es Volkswagen nicht einfach bei dieser Momentaufnahme, sondern perfektioniert den T2 kontinuierlich weiter. 1968 erhält er für eine verbesserte Nassbremsung Trommelbremsen mit einer Labyrinthdichtung zwischen Bremstrommel und Bremsblech. Außerdem wird die Leistung der Lichtmaschine heraufgesetzt und ein modifiziertes Schaltgetriebe mit geändertem Triebling und neu gelagertem Ausgleichsgetriebe verwendet. Für eine verbesserte Defrosterwirkung gibt es zudem neu ausgerichtete Luftaustrittsöffnungen unter der Windschutzscheibe. Das nicht jedem VW-Neuling geläufige Getriebeschaltschema ist fortan auf dem Aschenbecher aufgedruckt. Noch im selben Jahr erscheint mit dem Volkswagen 411 (Typ 4) die wohl stilistisch fragwürdigste Interpretation des Wolfsburger Heckmotorkonzepts. Herzstück

des als Schräghecklimousine und Variant lieferbaren Mittelklassemodells ist ein neuentwickelter Flachboxermotor mit 1700 cm³ bzw. 1800 cm³ Hubraum und einer Leistung von 68 bis 85 PS.

Durch die neuformierte Studentenbewegung und der aus der Anti-Vietnamkrieg-Fraktion hervorgehenden Hippie-Szene, wird der Transporter über Nacht auch politisch. Als „das" Fortbewegungsmittel einer aufbegehrenden Nachkriegsgeneration, bevölkern die zum Teil bunt bemalten T1 und T2 die weltweiten „Hippie Trails" auf ihrem Weg nach Afghanistan, Indien oder an die US-amerikanische Westküste. Noch mehr als Käfer oder Ente wird der Bulli damit zu einem Symbol für eine nach gesellschaftlicher Unabhängigkeit strebende Jugend, worüber sich die Verantwortlichen bei Volkswagen verständlicherweise wenig glücklich zeigen. Neben einem enormen Imageverlust befürchten sie vor allem das Abwandern ihrer konserva-

Ab August 1972 erschien im Rahmen der Modellpflege der T2b. Besondere Maßnahmen zur Verbesserung der Sicherheit bestanden darin, dass die vorderen Scheibenbremsen nun zur Serienausstattung gehörten und an der Hinterachse breitere Trommelbremsen für eine verbesserte Verzögerung sorgten. Außerdem waren Sicherheitsgurte für alle Insassen standardmäßig vorhanden. Foto: Stiftung Auto-Museum Volkswagen

Das Platzkonzept des T2-Kombi war ausgelegt für insgesamt bis zu neun Personen. Der „VW-Personen-Transporter" mit 7 Sitzen kostete im ersten Produktionsjahr DM 8490,-, die Achtsitzer-Version lag bei DM 8540,- und als Neunsitzer wurde ein Listenpreis von DM 8590,- angegeben. *Foto: Stiftung AutoMuseum Volkswagen*

Als Kippfahrzeug gab es den Bulli wahlweise mit der normalen Pritsche oder der Großraum-Holzpritsche, die mit 5,2 m² knapp 1 m² mehr Platz bot. Die Kippeinrichtung konnte als hydraulisch-mechanisch oder als hydraulisch-elektrisch betätigte Version geordert werden. *Foto: Stiftung AutoMuseum Volkswagen*

tiven Kundschaft zu „politisch korrekten" Konkurrenzmodellen und die Verbannung des Transporters aus dem umsatzstarken Staatsdienst. Allerdings sind derartige Sorgen völlig unbegründet, wie die steigenden Verkaufszahlen beweisen.

Das Modelljahr 1970 beginnt für Volkswagen sportlich. Mit der Markteinführung des neu entwickelten VW Porsche 914 (Typ 47) tritt im Herbst 1969 der erste in Großserie gebaute Mittelmotorsportwagen der Welt mit der überarbeiteten Schräglenkerhinter-

So präsentierten sich die modellgepflegten Grundmodelle der zweiten Generation des VW-Transporters ab August 1972: Pritschenwagen mit und ohne Doppelkabine, Kombi und Kastenwagen. *Foto: Stiftung AutoMuseum Volkswagen*

Ab dem Jahr 1972 war erstmals ein Automatikgetriebe für den Bulli lieferbar. Die angebotene Dreigang-Automatik war in Kombination mit dem in 62 PS starken Flachmotor erhältlich, der aus dem Triebwerk des VW 411/412 entwickelt wurde. *Foto: Stiftung AutoMuseum Volkswagen*

achse des T2 gegen so namhafte Konkurrenten wie Alfa Romeo Giulia Sprint oder Opel GT an. Gleichzeitig verlagert man einen Teil der T2-Motorenproduktion von Hannover ins neu gebaute Werk Salzgitter. Für viele überraschend wird der T2 wenig später zum

baureihenübergreifenden Innovationsträger. In enger Kooperation mit Thyssen Stahl entstehen insgesamt fünf Versuchsfahrzeuge mit einer vollständig verzinkten Karosserie. Das technische Know-how für Veredelung und Schweißen wird von dem Duisburger

Stahlunternehmen in die Musterfertigung eingebracht. Bis weit in die Achtziger Jahre hinein sind drei dieser Musterfahrzeuge bei Volkswagen und zwei bei Thyssen im Werksverkehr eingesetzt. In festgelegten Zyklen werden die Schichtstärken des Zinnauftrags gemessen und die Ergebnisse später in die Produktion vollverzinkter Audi- und Porsche-Karosserien eingebracht.

Durch eine nochmalige Verschärfung der US-Sicherheitsstandards muss auch das Thema passive Sicherheit neu belebt werden.

Zur Versteifung der Karosserie erhalten die Vordertüren ab August 1969 eine zusätzliche Verstrebung. Außerdem wird der Vorderrahmen für eine kontrollierte Energieaufnahme in Y-Form ausgeführt. Neue Wege geht man auch bei der Sicherheitslenkung. Nachdem das Entwicklungsteam um Paul Orbach noch bis zum Serienstart des T2 ein Schlagbolzensystem mit Bowdenzug zum Einknicken der Lenksäule einführen wollte, zeigen neue Versuche, dass man diesen Effekt auch mit Hilfe einer einfachen Sollbruchstelle erzielen kann.

Bereits im August 1963 bescheinigte die VW-Werbung dem T1, dass er sowohl „ein Reisewagen und ein Firmenwagen, ein Familienwagen und ein Campingwagen" sei. Gleiches galt für die T2-Baureihe, wobei diese spürbar mehr Fahrkomfort und auch deutlich mehr Ausstattungskomfort bot. *Foto: Stiftung AutoMuseum Volkswagen*

Weitere Verbesserungen betreffen die vorderen Blinkleuchten mit neuartiger Riffelung, den Tachometer mit 100 m-Zählwerk sowie einen Make-up-Spiegel in der Beifahrersonnenblende des Busmodells. In den Vordertüren gibt es nun bei allen T2 Türkontaktschalter für die Innenraumbeleuchtung. Die Öffnungswinkel der Türfeststeller werden verkleinert und die inneren Verriegelungsknöpfe vom Fensterrand wieder neben die Türöffner verlegt. Die Getriebeaufhängung lagert nun weicher, wodurch die auf die Karosserie einwirkenden Vibrationen abgedämpft werden sollen. Für die Senkung der Öltemperatur sind ein größerer Querschnitt der Ölkanäle und eine Ölpumpe mit höherer Förderleistung vorgesehen. Zudem ist gegen Mehrpreis ein Bremskraftverstärker erhältlich.

Tiefgreifende Veränderungen hält auch das politische Deutschland parat. Mit der Wahl von Willy Brandt zum ersten deutschen Bundeskanzler einer sozialliberalen Koalition wird noch im September 1969 der Grundstein für eine neue Reformpolitik gelegt. „Mehr Demokratie wagen" heißt das Motto jener Tage. Die DDR wird von der Regierung Brandt als zweiter deutscher Staat anerkannt. Ein Bekenntnis zum westlichen Bündnis und der Wunsch nach Verständigung mit den anderen Staaten des Warschauer Pakts sollen den Frieden sichern. War noch die erste Hälfte der 1960er Jahre von Säbelrasseln

und Weltkriegsangst geprägt, steht nun die Entspannungspolitik im Vordergrund des politischen Handelns. Die Bundesrepublik wird farbenfroher, was sicherlich nicht nur an den 1972 eingeführten Pril-Blumen liegt! Der fröhliche Zeitgeist macht auch die Autos bunter: Orange, Gelb und Grün sind die neuen Modefarben.

1970 wird im Werk Salzgitter die Produktion des K70 aufgenommen. Noch im selben Jahr wird der T2 stärker. Durch gezielte Eingriffe am Zylinderkopf und einen neuen Umluftvergaser steigt die Motorleistung auf 50 PS. Der immer noch auftretenden Ölüberhitzung wird mit einer nochmals überarbeiteten Ölpumpe mit höherem Durchfluss und einem neu designten, thermostatisch gesteuerten Ölbadluftfilter begegnet. In der bisherigen Ausführung behindert die Form des Ölkühlers die Kühlluftversorgung des dritten Motorzylinders, so dass dieser oft überhitzt. Die Folgen sind schwere Motorschäden wie etwa ein „Kolbenfresser" oder der Abriss des Auslassventiltellers. Für eine Feinfilterung von Schmutzpartikeln aus dem Motoröl sorgt eine neu entwickelte Reinigungspatrone mit Papierfiltereinsatz.

Optisch aufgefrischt wird der T2 durch neue Felgen im Format 5,5 J x 14 mit kleinerem Lochkreis und flacheren Radkappen vom Typ 3. Obwohl die Reifenbreite gleichbleibt,

> **Der T2 bietet ein neues Fahrwerk, stärkere Motoren, verbesserte Sicherheit und mehr Luxus**

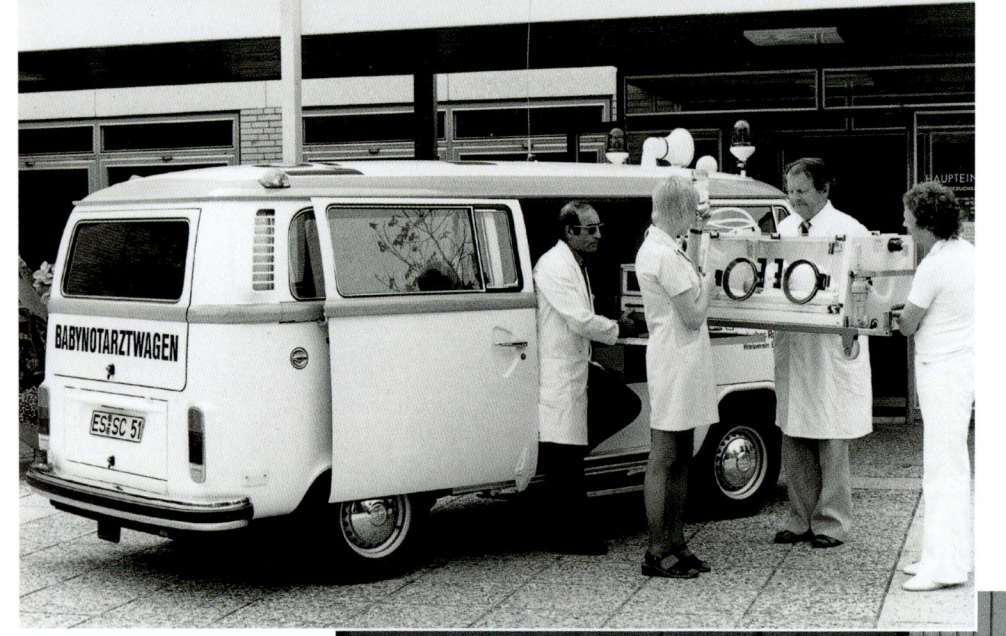

Die Spezialausführungen des T2 waren bei Polizei, Feuerwehr und Rettungsdiensten sehr beliebt. Sonderanfertigungen wie dieser Babynotarztwagen stammten meist vom Karosseriebauspezialisten Binz. *Foto: Stiftung AutoMuseum Volkswagen*

Wie schon beim T1-Pritschenwagen waren auch bei der T2-Variante alle Seitenwände komplett abklappbar, ohne dass störende Scharniere überstanden. *Foto: Stiftung AutoMuseum Volkswagen*

Der geschlossene Kastenwagen mit seiner 4,1 m² großen Ladefläche konnte mit einem Laderaumvolumen von 5 m³ glänzen. Der Hochraum-Kastenwagen wies bei gleicher Ladefläche noch einmal 1,2 m³ mehr Platz auf. *Foto: Stiftung AutoMuseum Volkswagen*

werden Radkästen und Reserveradmulde der neuen Felgenbreite angepasst. Ebenfalls aus dem Typ 3 stammt die dreiarmige Druckplatte ohne Anpressring, der fortan im Ausrücklager der Kupplung verbaut wird. Für einen großen Sicherheitsgewinn sorgen die jetzt serienmäßigen Scheibenbremsen an der Vorderachse. Außerdem werden für einen verlängerten Lebenszyklus die vergrößerten Bremstrommeln an der Hinterachse aus Stahl anstelle von Grauguss gefertigt. Um die Bremswirkung auch im beladenen Zustand auf einem gleichmäßigen Niveau zu halten, bekommt die Hinterachse einen Bremskraftregler. Hierdurch können auch die zulässigen Achslasten erhöht werden. Das Jahr 1970 endet für den T2 mit zwei neuen Rekorden: insgesamt 80.354 Transporter finden in Deutschland einen Abnehmer; 72.515 Fahrzeuge können in die USA exportiert werden. Ein Ergebnis, das in der gesamten Heckmotorära nicht wieder erreicht werden wird! Trotzdem wird der T2 1971 in vielen Details überarbeitet. Das Resultat dieser ersten großen Modellpflege ist die heute als „Zwitterbus" bekannte Symbiose aus T2a und T2b. Für eine erhöhte Bodenfreiheit bei gleichbleibender Gesamthöhe wird das Dach geringfügig abgeflacht. Die vorderen Kotflügel sind jetzt leicht ausgestellt, was den Transporter deutlich bulliger wirken lässt. Die ovalen Heckleuchten weichen einem schmalen, senkrechten Leuchtenband. Die hinteren Lufteinlässe werden vergrößert und weisen jetzt neun statt sieben Kühllamellen auf. Auch die Motorklappe wird neu gestaltet und erhält ein breiteres Kennzeichenfeld. Aus Sicherheitsgründen wandert die Tankklappe aus dem

Auch ohne Allrad absolut wintertauglich: Dank des Heckmotors verfügt der Bulli auch mit nur angetriebener Hinterachse über ausreichend Traktion bei schwierigen Straßenverhältnissen.
Foto: Stiftung AutoMuseum Volkswagen

„Der VW Campingwagen ist ein Volkswagen, mit dem Sie überall zu Hause sind", lautete die Werbebotschaft in den zeitgenössischen Prospekten. „In den Bergen ist er Ihre Wohn- und Schutzhütte. In der Einsamkeit der Wälder und Seen Ihr Blockhaus. Im Seebad Ihr Privathotel."
Foto: Stiftung AutoMuseum Volkswagen

Gefahrenbereich der Schiebetür weiter nach hinten. Bus- und L-Versionen sind ab sofort mit regelbaren Entlüftungsschiebern in den Vordertüren ausgestattet. Dafür entfallen beim Bus die Drehfenster im Fahrgastraum. Große Aufmerksamkeit wird auch einer verbesserten Geräuschdämmung geschenkt. So wird die Antriebseinheit gummigelagert und Tankschott und Motorraum mit Dämmmaterial ausgekleidet. Außerdem hält in Hannover das Computerzeitalter Einzug. Als eines der ersten deutschen Automobile überhaupt wird der T2 mit einem Diagnosestecker ausgerüstet. Wichtigste optionale Neuerung ist jedoch der aus dem Typ 4 bekannte 1700-cm³-Flachmotor mit Zweivergaseranlage. Für das größere Einbaumaß müssen allerdings das Querrohr um 25 mm nach vorne versetzt und die Hinterachselemente entsprechend angepasst werden. Da dies bei den Pritschenfahrzeugen nicht möglich ist, wird der Flachmotor für diese nicht angeboten. Die Motorleistung beträgt 66 PS bei 4800/min; das maximale Drehmoment 113 Nm bei 3200/min. Erkauft wird die Mehrleistung allerdings mit einem deutlich höheren Spritkonsum. Verbrauchswerte um 15 Liter auf 100 km gelten als normal und liegen damit rund 20 Prozent über denen des Standardantriebs. Zum Lieferumfang der neuen Topmotorisierung gehören ein Bremskraftverstärker und Gürtelreifen in der Dimension 185 SR 14. Für eine der Mehrleistung angepasste Verzögerung sorgen ein größerer Hauptbrems- und größere hintere Radbremszylinder. Äußerliche Erkennungszeichen des Typ 4-Aggregats sind sein großes Auspuffendrohr auf der Beifahrerseite sowie (ab August 1972) der abnehmbare Revisionsdeckel für die beiden Solex-Fallstromvergaser im Laderaum. Wegen der geänderten Aufhängung von Motor und Getriebe werden der Hinterwagen und die Bodengruppe unabhängig von der Motorisierung mit steiferen Blechen, Stützen und zusätzlichen Trägern verstärkt – von außen erkennbar am kantigeren Heckabschluss. Außerdem ersetzt eine verschleißarme Membrankupplungsdruckplatte die erst ein Jahr zuvor eingeführte Dreiarmkupplung ohne Anpressring.

Im September 1971 läuft der dreimillionste VW-Transporter vom Band. Er ist damit das erfolgreichste Nutzfahrzeug in der Automobilgeschichte. Dennoch hält sich die Begeisterung diesmal in Grenzen. Über dem Volkswagen-Konzern kreist der Pleitegeier. Das einstige Vorzeigeunternehmen steckt in der tiefsten Krise seiner Geschichte. Der Absatz des Käfers ist auf einem historischen Tiefststand angelangt, und auch die beiden anderen Volumenmodelle 1500/1600 und 411 sowie der jüngst von NSU übernommene K70 laufen am Markt vorbei. Noch 1971 verliert Volkswagen die deutsche Marktführerschaft an Opel, die mit ihren konkurrierenden Modellen Kadett, Ascona und Manta genau den Zeitgeist treffen. Volkswagen hat dem nicht viel entgegenzusetzen. Ein lauter Heckmotor, ein dürftiges Platzangebot und ein schlichtes Design locken kaum noch einen Pkw-Kunden in die Verkaufsräume, der technisch moderne, aber im Detail unausgereifte K70 wird trotz Frontmotor mit Wasserkühlung und Frontantrieb kein Massenerfolg. Lediglich der T2 hält weiterhin das Fähnlein des Bestsellers hoch.

In gewisser Weise ist der VW-Bus der Urvater der heutigen
Familien-Vans. *Foto: Stiftung AutoMuseum Volkswagen*

Als Hauptverantwortliche dieser existenzbedrohenden Krise wird die VW-Führungsetage mit ihrem jahrelangen Missmanagement ausgemacht. Zu sehr haben sich Nordhoff und sein Nachfolger Kurt Lotz auf den Erfolgen von Käfer und Transporter ausgeruht. Zudem sind auch die aktuellen Volumenmodelle keine wirklichen Neuentwicklungen, sondern lediglich modifizierte Derivate des Käfers. Dessen Zeit neigt sich jedoch dem Ende zu. In panischer Sorge, weitere Marktanteile zu verlieren, investiert der Volkswagen-Vorstand um den neuen Vorstandsvorsitzenden Rudolf Leiding über eine Milliarde DM in die Entwicklung neuer Modelle. Da die Zeit eilt, muss zunächst Audi aushelfen, wo man unter der Leitung von Ludwig Kraus den Audi 80 zur Serienreife entwickelt hat. Der Ingolstädter Mittelklas-

sewagen wird ab 1973 in einer zusätzlichen Schrägheck-und Kombivariante unter der Bezeichnung „VW Passat" auf den Markt gebracht. Er löst den betagten Typ 3 nach elfjähriger Bauzeit ab. Auch die Produktion des nur wenige Jahre jüngeren Fridolin wird ersatzlos eingestellt. Ein weiterer Schritt, Volkswagen wieder konkurrenzfähig zu machen. Aber die Wolfsburger haben noch zwei weitere Asse im Ärmel: die von Giugiaro entworfenen Modelle Scirocco und Golf. Kurz vor dem geplanten Debüt erschüttert die Ölkrise die Autowelt. Dieser Rückschlag trifft zwar alle Hersteller gleich hart, doch Volkswagen ganz besonders. Im Ranking der größten deutschen Unternehmen sacken die Wolfsburger von Platz 1 auf Platz 7 ab – mit einem Minus von 800 Millionen DM! Inmitten dieser Turbulenzen betreten im

Nicht nur in Europa, sondern auch in dem für VW wichtigen Exportland USA waren die T2 mit Camper-Ausbau und Aufstelldach als Wohnmobil sehr beliebt. Foto: Stiftung AutoMuseum Volkswagen

März bzw. Mai 1974 Scirocco und Golf das internationale Parkett. Design und Konzept stoßen allgemein auf große Zustimmung. Volkswagen ist vorerst gerettet.

In dieser angespannten Zeit steht der Transporter besonders im Rampenlicht. Zum einen als letzter Goldesel des Volkswagen-Konzerns, zum anderen bei den Olympischen Spielen 1972 in München, wo er – wie Spötter hämisch bemerken – in mehr Disziplinen am Start ist, als die um Medaillen kämpfenden Athleten. Noch im Olympiajahr ist erstmals eine Getriebeautomatik lieferbar. Allerdings nur für den großen Motor und zu einem saftigen Mehrpreis. Wegen der verschärften US-Abgasnormen wird beim 1700-cm³-Motor der Ölbadluftfilter gegen einen Trockenluftfilter getauscht.

Zudem erhalten alle Modelle mit Ausnahme der Pritschenwagen einen Batterieschutzdeckel für die aus Platzgründen jetzt um 180 Grad gedreht eingebaute Starterbatterie. Weitere Änderungen betreffen die passive Sicherheit. Die Stoßstangen bekommen neuartige Verformungselemente. Das komplett überarbeitete Fahrwerk besteht die strengen US-Crashtestnormen. Mit Einführung der im Volksmund „Eisenbahnschienen" getauften Sicherheitsstoßstangen entfällt auch das bisherige gummibezogene Stoßstangentrittbrett. Als Steighilfe dient nun eine hinter der Tür eingelassene Trittstufe. Im Fahrerhaus werden serienmäßig Sicherheitsgurte angebracht. Außerdem gibt es neue Bedienelemente für Heizung, Gebläse und Scheibenwischer. Für eine bessere Erkennbarkeit im Straßenverkehr rücken die vorderen

Der Nachfolger in Gestalt des T3 geisterte schon durch die Fachpresse, als VW 1978 noch ein Sondermodell mit der Bezeichnung „Silberfisch" auf den Markt brachte. Der ausschließlich in Silbermetallic ausgelieferte Kombi mit Flachdach begeisterte durch sein umfangreiches Ausstattungspaket, zu dem dunkelblaue Veloursssitze, Chromstoßstangen, Colorverglasung und Schiebedach zählten. Der etwa 1600 Mal verkaufte Luxustransporter wurde angetrieben vom 70-PS-Motor aus dem Typ 4.
Foto: Stiftung AutoMuseum Volkswagen

Blinkleuchten aus dem Stoßstangenbereich nach oben neben die vorderen Frischluftöffnungen. Außerdem wird die Dachrinne nach innen gekröpft, was zu einer Senkung der Windgeräusche beitragen soll. In der Mitte des Modelljahres werden alle Modelle auf eine leistungsstärkere Drehstromlichtmaschine anstelle des bisher verwendeten Gleichstromaggregats umgestellt.

1973 wendet sich Volkswagen auch der elektrischen Antriebstechnik zu. Das erste Projekt ist ein gemeinsam mit Bosch, Varta und dem Energieversorger RWE entwickelter T2-Transporter. Die riesige Bleibatterie mit einer Stundenleistung von 23,8 kW befindet sich unterhalb der Ladefläche und versorgt einen im Fahrzeugheck installierten fremderregten Gleichstrommotor, der eine Dauerleistung von 17 kW (23 PS) generiert. Die Kraftübertragung erfolgt über ein einstufiges Getriebe auf die Hinterräder. Als kurzfristige Spitzenleistung können 33,5 kW (45 PS) und ein maximales Drehmoment von 160 Nm abgerufen werden. Da alleine die Bleibatterie mit 850 kg zu Buche schlägt, bringt der Versuchsträger stattliche 2,2 Tonnen Leergewicht auf die Waage. Die Reichweite des 70 km/h schnellen Fahrzeugs beträgt je nach Fahrweise 50 bis 80 km. Für den normalen Alltagsbetrieb zu wenig; für den Materialverkehr in größeren Werken oder als Postwagen dagegen völlig ausreichend. Speziell geschnürte Verkaufspakete, mit denen man das Fahrzeug, die Batterie und verschiedene Serviceleistungen erwerben oder leasen kann, treffen in der Wirtschaft auf eine überraschend gute Resonanz. Trotz des stattlichen Grundpreises von DM 42.595,-

finden knapp 70 Elektrotransporter einen Abnehmer. Allein die US-Energieversorgungsbehörde Tennessee Valley Authority erwirbt zehn Exemplare – fünf Kastenwagen und fünf Pritschenwagen – für einen groß angelegten Flottenversuch. Auf Initiative des US-amerikanischen Energieministeriums geht 1973 auch das erste Hybridfahrzeug von Volkswagen an den Start. Der Verbrennungsmotor des als „City Taxi" eingesetzten T2-Busses treibt dabei über einen hydrodynamischen Wandler und eine elektropneumatische Kupplung einen hinter der Vorderachse liegenden Elektromotor an. Im rein elektrischen Fahrbetrieb können so maximal 40 km Reichweite zurückgelegt werden. Im Hybridbetrieb wird eine Verbrauchsersparnis von rund 15 Prozent erzielt.

Im August 1973 fällt die obligatorische Modellpflege vergleichsweise unspektakulär aus. Die Trommelbremsen sind nun selbstnachstellend und verfügen über Sichtbohrungen im Bremsblech, durch die man von außen die Bremsbelagstärke kontrollieren kann. Bei den Campingwagen rückt das Kippgelenk für das Ausstelldach von der A-Säule an die Hecksäule. Etwas umfangreicher sind die Änderungen an der Schließanlage. Die Vordertüren werden wieder mit Zugknöpfen gesichert; die Schiebetür erhält eine automatische Verriegelung. Dabei wird die Funktion des Entriegelungshebels so verändert, dass beim Schließen der Tür das Schloss sofort voll einrastet. Ein von außen sichtbarer, abschließbarer Tankdeckel ersetzt die bisherige Tankklappe. Im Innenraum nimmt eine Quarzuhr mit Sekundenzeiger den Platz der bisherigen Impulsuhr ein.

Für eine bessere Lichtausbeute ist gegen Mehrpreis eine Scheinwerferwaschanlage lieferbar. Der Flachmotor leistet jetzt 68 PS aus 1795 cm³ Hubraum. Das maximale Drehmoment steigt auf 129 Nm bei 3000 / min. Der hohe Benzinverbrauch bleibt dagegen unverändert, was sich in Zeiten von Ölboykott und steigender Benzinpreise noch ungünstig auswirken soll. Spielte der Spritkonsum eines Autos bisher nämlich eher eine untergeordnete Rolle, zwingt ein bewaffneter Konflikt im Nahen Osten zu raschem Umdenken.

Im vierten israelisch-arabischen Krieg vom Oktober 1973 setzen die arabischen Staaten erstmals Öl als politische Waffe ein. Über die USA und die Niederlande wird wegen ihrer pro-israelischen Haltung ein Lieferboykott verhängt, der sich auch auf die anderen westlichen Staaten auswirkt. Die Organisation der Erdöl exportierenden Staaten (OPEC), der auch einige nichtarabische Förderländer angehören, vervierfacht daraufhin den Rohölpreis. Die Profitgier

der westlichen Mineralölkonzerne treibt die Preise weiter in die Höhe. Die Folge ist die erste globale Ölkrise. Die Bundesregierung reagiert darauf mit einer drastischen Einschränkung des Energieverbrauchs und einer Rückbesinnung auf heimische Fossilbrennstoffe wie Kohle und Erdgas. Eher symbolisch ist dagegen die Verordnung von vier autofreien Sonntagen im November und Dezember 1973 zu sehen, mit der den Bürgern die Abhängigkeit vom Rohöl und seine begrenzte Verfügbarkeit vor Augen geführt werden soll. Die explosionsartige Verteuerung der Benzinpreise lässt den Ruf nach neuen, sparsameren Fahrzeugen laut werden. Die vermeintlichen Spritschlucker stehen plötzlich auf Halde. 1974, im für die Volkswagen AG wichtigsten Jahr ihres Überlebenskampfs, geht somit auch der T2-Absatz sprunghaft zurück. Konnten 1973 in Deutschland noch 65.168 Fahrzeuge verkauft werden, sind es 1974 nur noch 48.330 Stück. Ein Jahr später fällt die Bilanz noch ernüchternder aus: trotz hoher Preisnachlässe sind nur 46.910 Neuzulassungen

Links: Im Jahr 1978 wurde der VW-Transporter geländegängig und es entstand das erste von insgesamt fünf offiziellen Versuchsfahrzeugen vom Typ T2 mit zuschaltbarem Frontantrieb. Mit den vier weiteren Fahrzeugen wurden im folgenden Winter erste Tests unter Realbedingungen absolviert. Allerdings führte fehlendes Interesse möglicher Großkunden wie Bundeswehr oder Katastrophenschutz zur Einstellung dieses Projekts. *Foto: Stiftung AutoMuseum Volkswagen*

Rechts: Unter Federführung von Gustav Mayer fertigte die VW-Nutzfahrzeugentwicklung den ersten Prototyp, allerdings scheitert eine Weiterentwicklung am Veto des Vorstandes. Von den gesammelten Erkenntnissen profitieren die Ingenieure später bei der Entwicklung des T3 „Synchro". *Foto: Stiftung AutoMuseum Volkswagen*

Im September 2005 kündigte VW an, dass man mit einem auf nur 200 Fahrzeuge limitierten Sondermodell des Kombi Serie Prata die Produktion des „Luftmotors" beenden würde. Der von Volkswagen do Brasil ausschließlich in der Farbe „Silber Light Metallic" lackierte Wagen mit grünen Fenstern und getönter Windschutzscheibe wurde für R$ 39.200,- (umgerechnet ca. 17.300,- Euro) angeboten.
Foto: Stiftung AutoMuseum Volkswagen

zu vermelden. Finanzieller Spielraum für die Entwicklung eines neuen Sparmotors ist nicht vorhanden. Zu hoch war der Kapitaleinsatz für Golf und Co. Auch der Ankauf eines fremden Dieselmotors, wie zuvor bei Opel mit dem Peugeot-Selbstzünder geschehen, scheitert schnell am Heckmotorkonzept des Transporters.

Am 1. Juli 1974 läuft in Wolfsburg der letzte Käfer vom Band. Für seine geringe Nachfrage reichen in Europa die Kapazitäten in den Werken Emden und Brüssel aus. Außerdem wird die Produktion des bis zuletzt glücklosen Typ 4 eingestellt. Sein Motor lebt aber im T2 weiter. In der Hoffnung auf Entspannung in der Energiepolitik wird der T2 weiterhin nur modellgepflegt. Noch im Rausch des

Gewinns der Fußballweltmeisterschaft 1974 werden die Sitze ab August serienmäßig mit Kunstleder bezogen und bequemer gepolstert. Die bislang in Höhe der Gürtellinie verlaufende Chromzierleiste der L-Modelle bildet jetzt eine Linie mit den Türgriffen. Außerdem erhält die weit in das Dach reichende Schiebetür des Hochraum-Transporters eine praxisgerechtere Schließanlage.

Der Kastenwagen ist, wie ein Jahr später auch der Kombi, optional mit zusätzlichen Schraubenfedern an der Hinterachse bestellbar, was die maximale Nutzlast auf 1,2 Tonnen erhöht. Motortechnisch bleibt dagegen wieder einmal alles beim Alten, sieht man von einer geänderten Zündverstellung und vom jetzt im Drehstromgenerator integrierten Lichtmaschinenregler ab.

Am 10. Februar 1975 übernimmt Toni Schmücker als neuer VW-Vorstandsvorsitzender das Ruder seines gesundheitlich angeschlagenen Vorgängers Leiding, der durch eine strikte Sparpolitik und die Einführung der neuen Frontantriebsmodelle das Unternehmen vor dem Abgrund gerettet hat. Auch wenn die Krise noch längst nicht bewältigt ist, stehen die Zeichen wieder auf Expansion: Als zweites Standbein im Transporterbereich wird daher der VW LT vorgestellt, der bereits wichtige Stilelemente des späteren T3 vorwegnimmt. Der in drei Gewichtsklassen als LT 28, LT 31 und LT 35 angebotene Kleinlastwagen verfügt über einen Frontmotor mit Heckantrieb und eine an Blattfedern geführte Hinterachse. Erhältlich ist der LT als Kastenwagen, Pritschenwagen und mit Kabine auf Fahrgestell. Nur ein Jahr nach seiner Premiere hält er bereits einen Marktanteil von über dreißig Prozent.

Da der T2 im direkten Vergleich deutliche technische Defizite aufweist, wird am 8. Mai 1975 die Entwicklung des Nachfolgemodells T3 beschlossen. Für die ursprünglich geplante Neukonstruktion eines zukunftweisenden Kleintransporters ist allerdings die Kapitaldecke zu dünn, so dass stattdessen

ein gründlich modifizierter T2b mit neuer Karosserie und sparsameren Motoren auf der Agenda steht. Bis es allerdings soweit ist, hat man auch mit dem aktuellen Modell noch einiges vor.

Ungeachtet der gestiegenen Benzinpreise erfährt der T2 zum 1. August 1975 eine weitere Leistungssteigerung. Der Flachmotor entwickelt nun aus 1970 cm³ Hubraum satte 70 PS bei 4200/min. Das maximale Drehmoment von 140 Nm liegt bei 2800/min an. Um die Kraft möglichst verlustfrei auf die Straße zu bekommen, wird die Übersetzung des Achsgetriebes erhöht und der Kupplungsdurchmesser auf 228 mm vergrößert. Auch die weiterhin optional erhältliche Getriebeautomatik wird erneuert. An die Stelle des bisher verwendeten Typs 003 mit manuellem Kickdown und Unterdrucksteuerung tritt die neu entwickelte Typ 010-Automatik mit Gestängelastanzeige, elektrischer Kickdownbetätigung und Lamellenbremse (vorher Bandbremse). Bei allen Motoren ersetzt unabhängig von der Getriebeart eine Schubstange den bisherigen Gaszug. Aus Ersparnisgründen erhalten alle Pritschenfahrzeuge aus Kunststoff gegossene Schlossgehäuse an Heck und Tresorklappe. Im Armaturenbrett gibt es erstmals gegen Mehrpreis eine Handbremskontrollleuchte. Außerdem ist das Zifferblatt des Tachometers für eine bessere Ablesbarkeit bei Sonnenlicht nun komplett schwarz unterlegt.

Innenpolitisch steht die Bundesrepublik Deutschland 1975 vor einer Zäsur. Mit der Entführung des Berliner CDU-Vorsitzenden Peter Lorenz am 27. Februar 1975 erpresst

das Terrorkommando „Bewegung 2. Juni" die Freilassung von vier inhaftierten Gesinnungsgenossen in den Südjemen. Damit gibt der deutsche Staat zum Schutz von Menschenleben erstmals den Forderungen von Terroristen nach. Am 21. Mai 1975 beginnt mit den Stammheimer Prozessen die strafrechtliche Auseinandersetzung mit dem Terrorismus der Rote Armee Fraktion, der seit 1968 die Republik in Atem hält. Zwei Jahre später erlebt die Terrorwelle mit den tödlichen Anschlägen auf drei führende deutsche Amtsträger und der Entführung der Lufthansa-Maschine „Landshut" ihren brutalen Höhepunkt. Das öffentliche Leben ist wie gelähmt, auch wenn man vorgibt, die Lage fest im Griff zu haben. Da auch die Folgen des Ölschocks noch längst nicht überwunden sind, macht sich erneut eine Wirtschaftskrise breit. In ihrem Verlauf zeigen sich auch die Schwächen der bundesdeutschen Wirtschaftsstruktur. Neben den besonders hart getroffenen Küstenregionen ist es vor allem der Großraum Rhein-Ruhr, der als einstiger Motor des Wirtschaftswunders mit hoher Arbeitslosigkeit und Überkapazitäten zu kämpfen hat.

Angesichts dieser Vorzeichen geht auch der Absatz der deutschen Automobilindustrie spürbar zurück. Die auf den deutschen Markt drängenden Konkurrenzmodelle japanischer Automobilhersteller sorgen für weitere, nicht vorhersehbare Rückschläge. Während sich jedoch Passat und Co. den Angriffen aus Japan direkt erwehren müssen, ergeht es dem VW-Transporter deutlich besser. Da zunächst nur japanische Pkw-Modelle nach Deutschland exportiert

werden, bleibt der T2b von der asiatischen Konkurrenz vorerst verschont. Folglich halten sich die Verkaufszahlen auch zum Ende seines Lebenszyklusses auf einem vergleichsweise hohen Niveau: durchschnittlich 54.795 T2 pro Jahr können zwischen 1976 und 1979 in Deutschland verkauft werden.

Während 1976 in Wolfsburg bereits der T3 erste Formen annimmt, läuft in Brasilien noch immer der T1 vom Band. Mit über 66.000 verkauften Fahrzeugen allerdings erfolgreicher als je zuvor. Dennoch steht auch dort ein Modellwechsel bevor. Noch während des laufenden Produktionsjahres erhält der Brasilien-T1 die Frontansicht des T2b, womit bei Volkswagen die Ära der geteilten Frontscheibe nach fast dreißig Jahren zu Ende geht. Da sich in Deutschland bereits alles auf den Nachfolger konzentriert, fällt die Modellpflege am T2 1976 verhalten aus. Neben kleineren Detailänderungen an Benzinpumpe, Einlassventilen und Keilriemenscheibe sind die Vordersitze jetzt mehrfach verstellbar. Außerdem entfallen modellabhängig die Trennwände zwischen Fahrer- und Fahrgastraum.

1977 läuft mit dem 2.277.307 gebauten T2 der insgesamt viereinhalbmillionste VW-Transporter vom Fließband. Doch trotz dieser gewaltigen Produktionszahlen zeigt der Bedarf an Arbeitskräften im Werk Han-

Die zweite Hälfte der 1970er Jahre stehen bereits im Zeichen des T2-Nachfolgers

nover in eine andere Richtung. Stehen 1971 noch 28.728 Mitarbeiter in Lohn und Brot, sind es 1977 nur noch 17.997. Die zunehmende Automatisierung der Fertigungsprozesse spart Arbeitskräfte, so dass eine Vorruhestandsregelung ab 59 Jahre vereinbart wird. Und auch der T2 wechselt langsam aufs Altenteil. So beschränkt sich die Modellpflege für das Modelljahr 1978 auf ein griffgünstigeres Lenkrad mit breiter Speiche, einen stabileren Feststeller an den Vordertüren sowie den Entfall der Drehfenster im Fahrgastraum. Stattdessen ist die mittlere Scheibe jetzt geteilt und gegen Mehrpreis mit einer Schiebefunktion versehen.

In sein letztes Produktionsjahr geht der T2 am 1. August 1978 mit Automatikgurten auf Fahrer- und Beifahrerseite. Weitaus interessanter wiegt jedoch die Wiederbelebung einer Sonderedition mit dem vom Samba-Bus her bekannten Begriff „Sondermodell". In einer auf 1600 Fahrzeuge limitierten Kleinserie wird der „Bus L Achtsitzer Sondermodell" auf den Markt gebracht. Der ausschließlich in Silber-Metallic und mit dem 70-PS-Motor erhältliche Luxusliner bietet serienmäßig vordere Kopfstützen, heizbare Heckscheibe, Radioanlage, hintere Drehfenster und das große Stahlkurbeldach. Sitzpolster, Bodenteppich (!) und Innenverkleidung sind in elegantem Mittelblau gehalten. Doch obwohl das Mehrausstattungspaket gegenüber einem Einzelkauf deutlich preisgüns-

tiger angeboten wird, ist das Sondermodell kein Schnäppchen. Mit einem Grundpreis von DM 19.495,- bewegt sich der im Volksmund „Silberfisch" genannte Achtsitzer in Preisregionen, die Ende der Siebziger Jahre eher gehobenen Mittelklasselimousinen wie Audi 100 oder Opel Commodore vorbehalten sind.

Noch 1978 wird der T2 geländegängig. Unter Federführung ihres Leiters Gustav Mayer fertigt die VW-Nutzfahrzeugentwicklung den ersten Prototypen eines T2 mit zuschaltbarem Frontantrieb. Ohne den Segen des Konzernvorstandes folgen als „Arbeitsbeschaffungsmaßnahme" vier weitere Fahrzeuge, mit denen im Winter 1978/79 erste Tests unter Realbedingungen durchgeführt werden. Zum Beweis der überlegenen Fahreigenschaften des neuen Systems durchquert Mayer wenig später sogar die Sahara und VW-Ingenieur Henning Duckstein gelingt ebenfalls mit einem Allrad-T2 die Bezwingung der eigentlich für Gummiradfahrzeuge als unpassierbar geltenden Grand Erg Oriental in Algerien. Dennoch werden die Marktchancen eines Allrad-T2 vom VW-Vorstand eher kritisch gesehen. Neben der geringen Resonanz in der Öffentlichkeit fehlen vor allem Kaufanfragen potentieller Großabnehmer wie Bundeswehr oder Katastrophenschutz. Folglich wird die Allradentwicklung eingestellt. Erst Jahre später fließen die Erfahrungen in die Konstruktion des Audi quattro und des T3 „Synchro" ein.

Aber auch für die Erprobung alternativer Antriebstechniken wird der T2 noch einmal herangezogen. 1978/79 werden über 150

Exemplare zu Elektrofahrzeugen umgebaut und mit verschiedenen Energiespeichersystemen ausgerüstet. Die Ergebnisse bleiben jedoch hinter den Erwartungen zurück. Im Juli 1979 fällt in Deutschland schließlich der letzte Vorhang. Der T2 macht im Werk Hannover die Fertigungsstraße für seinen Nachfolger T3 frei. In Brasilien läuft er dagegen erst ab 1997 als T2c vom Band! Weiterhin luftgekühlt, aber mit einer kantigeren Dachform. Als eines der billigsten Automodelle des südamerikanischen Landes fehlen ihm weiterhin moderne Errungenschaften wie Servolenkung, Airbags oder Zentralverriegelung. Selbst eine Heizung gehört angesichts des tropischen Klimas nicht zum serienmäßigen Lieferumfang. Der 1600-cm³-Boxermotor ist wegen der stark schwankenden Benzinqualität niedriger verdichtet und leistet 58 PS bei 4200/min. Damit beschleunigt er den immer noch 1250 kg leichten Hecktriebler in 58,9 Sekunden von 0 auf 100 km/h. Als Höchstgeschwindigkeit werden von Volkswagen do Brasil optimistische 120 km/h angegeben. Erhältlich ist der T2c als Kombi, Kastenwagen und Bus. Die Produktionszahlen liegen konstant bei 40 Fahrzeugen pro Tag. Dennoch macht der Umweltschutz auch vor Brasilien nicht halt. Im Dezember 2005 verlässt mit dem silberfarbenen Sondermodell „Prata" der letzte luftgekühlte T2c das Werk. Sein Erbe tritt im Januar 2006 der baugleiche, aber nur noch in einer Karosserieform erhältliche „T2 Kombi" an. Herzstück des Achtsitzers ist ein wassergekühlter 80 PS starker „TotalFlex"-Boxermotor mit 1390 cm³ Hubraum, geregeltem Katalysator und elektronischer Kraftstoffeinspritzung. Ganz zugeschnitten auf die regionalen Gege-

benheiten, kann der Motor, quasi als „Inovacão de Brasil", mit Benzin und Alkohol in beliebiger Mischung betrieben werden. Erkennungsmerkmal des wassergekühlten T2 ist sein schwarzer Kunststoffkühlergrill, der dem ausschließlich in Weiß erhältlichen Brasilien-Transporter ein etwas eigenartiges Aussehen verleiht.

Während der T2 damit auch heute noch auf den Schotterpisten und Straßen Südamerikas zum Alltag gehört, genießen er und vor allem sein Vorgänger T1 bei uns inzwischen den Seltenheitsstatus eines in deutlich geringerer Stückzahl produzierten Klassikers vom Schlage eines VW 1500 oder Mercedes /8. Der mit einer modernen Großraumlimousine vergleichbare hohe Nutzwert ist ein zusätzlicher positiver Nebeneffekt und nicht selten „das" Argument, um die bessere Hälfte vom Kauf eines so vielfältigen Oldies zu überzeugen. Doch die allgemeine Begeisterung für das Kultobjekt VW Bus hat auch ihre Schattenseite. Vor allem für seltene Modellvarianten steigen die Preise inzwi-

schen ins Unermessliche. Wurde ein sehr gut erhaltener T1-Samba-Bus noch vor zehn Jahren für umgerechnet € 10.000,- bis € 15.000,- gehandelt, überschreiten die Panoramabusse heute längst die 50.000-Euro-Grenze. Selbst für einen nur durchschnittlichen T1-Kastenwagen werden heute deutlich mehr als € 20.000,- verlangt. Tendenz steigend! Und das, obwohl sein Nutzwert sicherlich nur für die Wenigsten ein Kaufargument darstellt. Aber ist der VW-Freund erst einmal mit dem Bulli-Fieber infiziert, sind plötzlich auch Nutzfahrzeuge von Interesse und der hohe Preis für „den" Kohlenwagen seiner Kindheit oder „den" Milchwagen seines Studentenjobs nicht mehr wirklich ein Hinderungsgrund. Ähnlich sieht es auch beim T2 aus, wo für seltene L-Modelle wie „Clipper" oder „Silberfisch" inzwischen deutlich mehr als € 20.000,- fällig sind. Auch Camper sind gefragt wie nie zuvor und erzielen derzeit Höchstpreise. Dennoch bleibt zu wünschen, dass der Volkswagen-Transporter auch für all jene erschwinglich bleibt, für die er einst entwickelt wurde: das Volk.

Der 1967 als Nachfolger des Samba-Busses eingeführte „Clipper" sollte den T2 auch für den normalen Pkw-Kunden interessant machen. Stahlkurbeldach, Zweifarbenlackierung und Chromleisten waren serienmäßig an Bord. Dagegen musste die linke Schiebetür des hier gezeigten L-Busses extra bezahlt werden.

Etwas ungewöhnlich für einen Luxusbus war die ursprüngliche Verwendung des abgebildeten Exemplars als Marktfahrzeug eines Kurzwarenhändlers, weshalb dieser auch auf die mittlere Bestuhlung verzichtet hatte. Diese wurde erst später im Rahmen der Restaurierung durch den heutigen Eigentümer nachgerüstet.

Als dieser Luxusbus 1969 vom Band rollte, hatte sich Volkswagen längst vom rechtlich geschützten Markennamen „Clipper" trennen müssen. Dennoch blieb die seemännische Schiffsbezeichnung in VW-Kreisen weiterhin als Spitzname für die nun „Achtsitzer L" bzw. „Siebensitzer L" genannten Topmodelle erhalten.

Einst in San Francisco beheimatet war dieser 1978 vom Band gelaufene T2b-Siebensitzer-Bus (genau: Typ 2217 Bus L), der von seinem heutigen Besitzer „frame off" restauriert wurde. Für dieses Auto wird sowohl eine Businnenausstattung als auch eine komplette Campingausstattung vorgehalten.

Aus dem Jahr 1973 stammt dieser T2b-Achtsitzer. Befeuert wird der Typ 2418 Bus L von einem 77 PS starken 1,7-l-Motor. Zur umfangreichen Zusatzausstattung des lediglich neu lackierten, aber unrestaurierten Kleinbusses gehören u. a. eine Schiebetür mit Schwenktritt sowie Gurte auf allen Sitzplätzen.

141

Umbau einmal anders: Als ehemaliger Westfalia-Campingwagen wurde dieser T2a Typ 2310 zu einem sportlichen Bus mit großem Schiebedach umfunktioniert. Das Fahrzeug ist Baujahr 1971 und wurde von seinem Besitzer eigenhändig neu aufgebaut.

Um einen perfekt erhaltenen T2a des inzwischen sehr seltenen Modelljahres 1972 handelt es sich bei diesem Typ 24 Achtsitzer L, der wegen seiner dem T2b vorgreifenden Modifikationen gerne auch als „Zwitterbus" bezeichnet wird.

Auffälligste Unterschiede zum „alten" T2a sind ab August 1970 die hinteren Kotflügelausbuchtungen, die rechteckigen Rückleuchten und die flachere Motorklappe. Außerdem befindet sich der Tankstutzen endlich außerhalb des Schiebetürbereichs.

Obnen links: Dank seiner universellen Verwendbarkeit erfreut sich der T2-Fensterbus heute wie damals einer großen Fangemeinde. Aus erster Hand konnte dieser komplett restaurierte T2-Neunsitzer-Kombi übernommen werden, dessen Originalmotor eine Laufleistung von gerade einmal 66.000 km aufweist.

Obnen rechts: Um einen US-Import handelt es sich bei diesem äußert elegant wirkenden Siebensitzer aus dem Jahr 1970. Der bereits werksseitig mit Scheibenbremsen ausgerüstete Kleinbus wurde komplett „frame off" restauriert und dabei optisch der deutschen Ausführung angepasst.

Links: Seit seiner Erstzulassung im Jahr 1975 befindet sich dieser in Eigenleistung restaurierte T2b-Kombi in Familienbesitz. Vor seiner Wiedergeburt diente er dem Großvater des heutigen Besitzers zugleich als Sonntagsauto für den Kirchgang und Lastenesel in der eigenen Gärtnerei.

Als T2-Flaggschiff orientierte sich die Ausstattung des „Clipper" am Standart gehobener Mittelklasselimousinen. Das vorgestellte „L-Modell" von 1970 wurde einst mit nur 5 Sitzplätzen ausgeliefert und befindet sich im unrestaurierten Zweitbesitz.

Um einen ehemals in Italien zugelassenen Neunsitzer (Typ 2219) handelt es sich bei diesem Kleinbus der allerersten T2b-Serie aus dem Jahr 1972. Das Fahrzeug konnte aus Erstbesitz übernommen werden und wurde von seinem heutigen Besitzer mit einer Campingausstattung SO 76/1 Berlin aufgewertet.

Um einen ehemaligen Krankentransportwagen handelt es sich bei diesem zu einem Campingbus umgebauten T2b. Beachtenswert ist auch der im selben Look gehaltene ehemalige Katastrophenschutzanhänger, der eine willkommene Erweiterung des Stauraums darstellt.

Oben: Topgepflegt und im Auslieferungszustand erhalten, stammt dieser T2b-Kombi aus dem Fuhrpark einer Universität, die ihn für Messfahrten mit Anhänger einsetzte. Für einen Kombi ungewöhnlich, verfügen alle Sitzplätze über Dreipunktgurte.

Rechts: Ein Kalifornien-Import ist dieser 1969 gefertigte T2a-Siebensitzer, der von seinem Besitzer 2010 in Eigenleistung restauriert wurde. Spezielle Seitenreflektoren und die höhergelegte Vorderachse weisen den im „Surf-Look-Style" gehaltenen Bulli schon von weitem als „Exilamerikaner" aus.

Als ehemaliges Behördenfahrzeug verfügt dieser T2b aus dem Jahr 1978 über eine bei Kombis und Bussen äußerst selten georderte zweite Schiebetür. Der Typ 2217 Siebensitzer besitzt noch den originalen 70-PS-Motor und stand vor seiner Restaurierung fast 10 Jahre vergessen in einer Scheune.

Linke Seite, oben: Nur auf den zweiten Blick als ehemaliges THW-Fahrzeug zu erkennen ist dieser T2a Typ 2310 des inzwischen sehr seltenen Modelljahres 1972. T2-Exemplare aus jenem Jahr werden wegen der dem T2b vorgreifenden Modellpflege gerne auch als „Zwitterbus" bezeichnet.

Linke Seite, unten: Wie kaum ein anderer Transporter prägte der T2-Kastenwagen den „kleinen Nutzfahrzeugalltag" der 1970er Jahre. Aus dem letzten Modelljahr stammt dieses 1979 gebaute ehemalige Handwerkerfahrzeug: Der T2b Typ 2110 Kastenwagen hält mit seinem schmucken Äußeren die Erinnerung an diese Zeit wach.

Um ein ehemaliges Montagefahrzeug der Firma Esser KG handelt es sich bei diesem in den originalen Auslieferungszustand zurückversetzten T2a-Kastenwagen aus dem Jahr 1970. Über den Umweg Feuerwehr gelangte er zu seinem heutigen Besitzer.
Foto: Alexander Prinz

Kastenwagen wie dieser T2a des Modelia-Modehauses in Oldenburg bestimmten bis weit in die 1980er Jahre hinein das Bild auf Deutschlands Straßen.

Während der VW-Transporter im Rettungsdienst allgegenwärtig war, spielte er im Bestattungswesen nur eine untergeordnete Rolle. Dieser unrestaurierte T2a Typ 2110 wurde 1968 von der Gemeinde Rohrbach/Wiener Neustadt in Dienst gestellt und ist einer der ganz wenigen noch erhaltenen VW-Leichenwagen überhaupt.

Bedingt durch den Heckmotor musste der Sarg vergleichsweise hoch eingeladen werden, weshalb nur wenige Bestatter auf die Zuverlässigkeit des VW-Kastenwagens setzten.

Seit 1968 ununterbrochen im Firmenbesitz der Hachmann-Gruppe befindet sich dieser noch heute gelegentlich im Baustellenverkehr eingesetzte T2a-Pritschenwagen. Dank guter Pflege und entsprechender Rostvorsorge konnte bis heute auf eine Restaurierung verzichtet werden.

Recht sportlich kommt diese komplett restaurierte T2b Typ 2650 Doppelkabine von 1974 daher, die außen unter anderem mit Breitreifen, Sportfahrwerk und einer kompakteren Plane modifiziert wurde. Unter der Ladefläche werkelt dagegen ein nur leicht leistungsoptimierter Originalmotor mit 77 PS.

Eine bewegte Vergangenheit hat dieser von seinem heutigen Besitzer zum Firmenwerbefahrzeug umgestaltete ehemalige Postwagen aus dem Jahr 1975 hinter sich: Der T2b Typ 2210 Kastenwagen kann sowohl auf eine Karriere als Feuerwehrauto zurückblicken als auch auf seine Einsatzzeit als Jubiläumsfahrzeug eines großen VW-Händlers.

Zum Bestand der Freiwilligen Feuerwehr Unkel gehörte einst dieses ehemalige Feuerlöschfahrzeug mit Magirus-Aufbau. Nach dem Erwerb durch seinen heutigen Besitzer im Jahr 2010 wurde der T2b Typ 211 TSF (T), Baujahr 1972, zu einem Werbefahrzeug im Stil der ehemaligen eigenen Firmenwagen umgestaltet wurde.

seit 1968

ELEKTRO **VW** Gölle

Oe

RE C 234H

Aus Erstbesitz konnte dieser einst als Transportfahrzeug für einen Campingauflieger genutzte T2b-Pritschenwagen übernommen werden. Das Fahrzeug verfügt noch über den ersten Motor und wurde von seinem Besitzer in mühevoller Kleinarbeit restauriert.

Ein ehemaliges Servicefahrzeug der Bundespost von 1974 ist dieser weitestgehend in den Originalzustand zurückversetzte Hochraumkastenwagen Typ 2113. Die in diesem Modelljahr eingeführte hohe Schiebetür ersparte dem Fahrpersonal den bis dahin obligatorischen „Dachkontakt".

Eine absolute Rarität stellt dieser im funktionsfähigen Zustand erhalten gebliebene T2b mit Ruthmann-Hubsteiger-Aufbau von 1974 dar. Die „rollende Arbeitsbühne" war eins bei einer Elektrofirma im Kreis Ingolstadt im Einsatz, wo sie überwiegend im nicht öffentlichen Verkehr Verwendung fand.

Noch im Erstlack, aber mit der Dieseltechnik des T3, erinnert dieser T2b-Hochdachkastenwagen an die frühere Servicewagen-flotte der Hagener Straßenbahn AG. Hier begegnet er dem ebenfalls museal erhaltenen ex-Hagener Triebwagen 337.

Zu einem historischen Servicewagen der Düsseldorfer Rheinbahn wurde dieser T2b-Kastenwagen TSF aus dem Jahr 1974 umgebaut. Das Fahrzeug gehörte bis 2004 zum Bestand der Berufsfeuerwehr Düsseldorf, wo es zuletzt im präventiven Brandschutz eingesetzt war.

Erst seit seiner Restaurierung im Jahr 2006 trägt der von der historischen Arbeitsgemeinschaft Linie D betreute ex TSF mit Ziegleraufbau das orangefarbene Warnkleid der Rheinbahn-Serviceflotte.

Im November 1979 neu zu-
gelassen wurde dieser 2006
komplett restaurierte T2b
Typ 2110 Kastenwagen, der
damit zu den letzten in
Deutschland verkauften T2
gehört. Hohe Preisnachlässe
machten den T2 auch nach
dem Erscheinen des T3 vor
allem für Firmenkunden interessant – ganz im Gegensatz zur aktuellen Preisent-
wicklung.

Der Laderaum des Kasten-
wagens bietet auch nach
heutigem Standard genü-
gend Platz für die vielfäl-
tigsten Transportaufgaben.
Nicht sehr verbreitet war
beim T2 das bei diesem
Fahrzeug fehlende Heck-
fenster.

Noch bis vor wenigen Jahren im täglichen Einsatz eines VW-Ersatzteilhändlers war dieser T2a-Kastenwagen von 1969. Eine Besonderheit des ehemaligen
Behörden- und späteren Bäckerei-Fahrzeugs ist seine zusätzliche Schiebetür auf der Fahrerseite.

Mit dem Werbespruch „Der vielseitigste Transporter von allen" warb Volkswagen einst für den auch „Personen-Transporter" genannten Kombi. Dass sich dabei auch eine sportliche Note mit hohem Nutzwert kombinieren lässt, zeigt dieser in Eigenleistung restaurierte T2b aus dem Jahr 1977.

Um ein ehemaliges Fahrzeug des Verteidigungskreiskommandos 344 Hemer handelt es sich bei diesem im November 1987 von seinem heutigen Besitzer für lediglich DM 355,68 erworbenen Bundeswehr-T2. Das Fahrzeug wurde seinerzeit in Eigenleistung instand gesetzt und im Jahr 2015 neu lackiert.

Oben: Unrestauriert und mit der entsprechenden Patina präsentiert sich diese im März 1979 bei der Bundeswehr in Dienst gestellte T2b-Doppelkabine Typ 2650, die noch heute im zivilen Alltagseinsatz als Transportfahrzeug bewegt wird.

Unten: Heckansicht der Bundeswehr-Doppelkabine. Interessant sind die Sichtfenster in der hinteren Bordwand – im Bundeswehr-Jargon „Schießscharten" genannt.

Oben: Ursprünglich bei einem Dachdeckerbetrieb im Einsatz war dieser T2a Pritschenwagen aus dem Baujahr 1971. Das inzwischen äußert rare Nutzfahrzeug ist teilrestauriert und verfügt noch über den ersten Motor mit einer Laufleistung von lediglich 174.000 km.

Um eine inzwischen echte Rarität unter den leichten Kippfahrzeugen handelt es sich bei dieser Großraum-Holzpritsche Typ 2611 mit mechanisch-hydraulischer Kippvorrichtung. Das 1976 von Westfalia gebaute Fahrzeug wurde bis vor kurzem noch als Alltagsfahrzeug genutzt und befindet sich im unrestaurierten Ablieferungszustand.

Als Behördenfahrzeug erblickte diese Großraum-Holzpritsche 1970 das Licht der Welt. Zwischen 1990 und 2006 abgestellt, wurde sie für über € 20.000,- aufwändig restauriert und dient heute in ihrer neuen Heimatstadt Fladungen einer alten Tradition folgend unter anderem als Infomobil für kirchliche Nachrichten. *Foto: Stefan Gross*

Mit einer Grundfläche von 5,20 qm bot die Großraum-Holzpritsche gegenüber der Standardpritsche ein deutliches Plus an Laderaum. Wie bei allen Pritschenfahrzeugen üblich, wurde auch sie mit einem abschließbaren Tresorraum unterhalb der Ladefläche ausgeliefert. *Foto: Stefan Gross*

Als ebenso eleganter wie rustikal wirkender „Whisky-Transporter" präsentiert sich dieser Typ 2610 Pritschenwagen der letzten Bauserie. Die Bordwände aus Holz wurden im Rahmen der Restaurierungsarbeiten angefertigt und zeigen, dass nicht nur originalgetreue Fahrzeuge stimmig wirken können.
Foto: Tom Aebersold

In Diensten der Bereitschaftspolizei Hamburg stand dieser 1978 gebaute Kombi Typ 2316. Ausgestattet mit einer Beschallungsanlage der Firma Bögel/Bückeburg, wurde das Fahrzeug bei Großveranstaltungen und Gefahrenlagen als Lautsprecherwagen eingesetzt.

Für den kombinierten Transport- und Sanitäts-
dienst beschaffte das Deutsche Rote Kreuz zahlreiche so genannte „Mannschaftstransportwagen mit Behelfskrankentrage" auf T2-Basis. Der abgebildete T2b Typ 2312, Baujahr 1974,
ist unrestauriert und war noch bis vor wenigen Jahren im süddeutschen Raum im Einsatz.

Im Jahr 1978 als Zweitragen-Behelfskrankentransportwagen in Dienst gestellt, ist dieser T2b noch heute als Mannschaftstransportwagen beim Malteser Hilfs-
dienst, KV Bochum/Ennepe-Ruhr aktiv. Bemerkenswert ist auch seine geringe Laufleistung von lediglich 47.000 km.

Vor allem im ländlichen Raum erwies sich die universelle Verwendbarkeit des Mannschaftstransportwagens als großer Vorteil. Auch wenn die Behelfskrankentrage keine medizinische Versorgung zuließ, konnten mit ihr doch Krankentransporte durchgeführt werden.

Zum Camper umfunktioniert wurde dieser im April 1972 gebaute KTW Typ 2710, der bis 1998 bei der Buderus-Werksfeuerwehr im Einsatz war. Das unrestaurierte Fahrzeug ist einer von nur 1600 gebauten „Zwitter-KTW" und dient seinem Besitzer heute als Campingbus.

Für den kombinierten Transport- und Sanitätsdienst beschaffte die DRK-Ortsgruppe Söhlde 1973 diesen Kombi 2312 als „Mannschaftstransportwagen mit Behelfskrankentrage". Das Fahrzeug posiert hier mit einem DRK-Sanitätsanhänger der Firma Ernst Hahn/Fellbach.

Aus dem Bestand des Katastrophenschutzes des Deutschen Roten Kreuzes stammt dieser im Juli 1979 als einer der letzten T2b gebauten Krankentransportwagen. Das Fahrzeug ist ungeschweißt und weist eine Laufleistung von lediglich 52.000 km auf.

Ein seltener Anblick auf deutschen Straßen ist dieser mit südländischen Signalanlagen ausgerüstete Krankentransportwagen aus dem Jahr 1979. Das Fahrzeug befindet sich im unrestaurierten Originalzustand und war in Italien bei der „Autoambulanza della Valle Sabbia" im Einsatz.

Nach Auflösung des Katastrophenschutzes übernahmen die städtischen Feuerwehren einen Großteil des Fahrzeugbestandes. So auch diesen T2b-Kommandowagen, der noch heute bei der Freiwilligen Feuerwehr Gladbeck seinen Dienst versieht. *Foto: Georg Wattsche*

Brandspezialist Ziegler zeichnete für die feuerwehrtechnische Ausstattung dieses bei der Freiwilligen Feuerwehr Dommershausen eingesetzten T2b Typ 2111 TSF verantwortlich, der normgerecht über höher angesetzte Frontstoßfänger zur Vergrößerung des Böschungswinkels verfügt.

Unten: Nach 30 Dienstjahren, 13.000 gefahrenen Kilometern und nur zwei dokumentierten Brandeinsätzen wurde dieser perfekt gepflegte, unrestaurierte Werksfeuerwehrwagen im Jahr 2002 ausgemustert.

Aus dem Bestand der Betriebsfeuerwehr Cordima in Greven stammt dieser im Dezember 1972 ausgelieferte T2b Typ 2111 TSF-T. Das Fahrzeug verfügt noch über seine originale Feuerwehrausstattung, wozu auch die von einem VW-Industriemotor angetriebene Tragkraftspritze zählt.

Gleich zwei museal erhaltene TSF-T simulieren auf diesem Bild den Ernstfall. Links ein 1971 gebauter T2a, der nach seinem Einsatz bei den Olympischen Spielen 1972 in den Bestand der Feuerwehr Rolfsbüttel überging; rechts ein T2a von 1969, der bis 1997 bei der Feuerwehr Odisheim in Lohn und Brot stand.

Noch bis 2005 im Einsatz war dieser 1973 bei der Freiwilligen Feuerwehr Selm in Dienst gestellte T2b Typ 2311 Fw-Mannschaftskombi. Das Fahrzeug ist unrestauriert und begeistert durch seinen technisch wie optisch hervorragenden Originalzustand.

Der Brandspezialist Ziegler zeichnete für die feuerwehrtechnische Ausstattung dieses bei der Freiwilligen Feuerwehr Dalldorf eingesetzte T2a TSF-T aus dem Jahr 1969 verantwortlich. Das Fahrzeug befindet sich im unrestaurierten Originalzustand und dient heute als Freizeitmobil.

Noch bis zur Übernahme durch seinen heutigen Besitzer im Jahr 2006, war dieser VW T2b Typ 211 TSF (T) bei der Freiwilligen Feuerwehr Breitenheim (Landkreis Bad Kreuznach) im täglichen Einsatz. Das 1973 in Dienst gestellte Fahrzeug wurde nicht restauriert und befindet sich technisch und optisch im Originalzustand.

Obnen links: Mustergültig restauriert präsentiert sich dieser 1968 von Westfalia in Wiedenbrück gebaute T2a-Campingwagen Typ SO 62 mit dem heute etwas seltener anzutreffenden kleinen Hubdach. *Foto: Klaus Jacklen*

Obnen rechts: Wie kaum ein anderer Klassiker verbindet der Westfalia-Campingwagen Nostalgie mit praktischem Nutzwert. Der hier gezeigte T2b SO 23 aus dem Jahr 1976 wurde 2010 in Eigenleistung restauriert und verfügt selbstverständlich noch über den originalen 1600-ccm-Motor mit 50 PS Leistung.

Links: Aus dem Baujahr 1971 stammt dieses ehemalige Funkabhörfahrzeug der Polizei Berlin, das von seinem heutigen Besitzer in über 1000 Arbeitsstunden zu einem luxuriösen Fünfsitzer mit Lederausstattung und Sportsitzen umgebaut wurde.

Auch im geschlossenen Zustand macht das neue Westfalia-Ausstelldach eine bessere Figur. Dank der sich elegant in den Dachverlauf einfügenden Gepäckwanne wirkt das Fahrzeug deutlich harmonischer.

Das erstmals auf der IAA 1973 vorgestellte Westfalia-Ausstelldach mit vorderer Gepäckwanne und gegenläufiger Dachsilhouette sorgte im T2b-Campingwagen Typ 2319 für ein ganz neues Raumgefühl.

Typisch für die ab August 1974 verfügbare Ausstattung SO 73/7 „Helsinki" waren ihre bunt karierten Stoffbezüge sowie das zeittypische Möbeldekor in „Fichte getönt".

Der 1973 vorgestellte Typ 2319 mit vorderer Gepäckwanne war der meist verkaufte Westfalia-Campingwagen. Das hier gezeigte Modell „Berlin" besticht durch seinen makellosen Originalzustand und hat erst 17.000 km auf dem Tacho.

Bereits auf den ersten Blick gibt sich dieser von seinem heutigen Besitzer im Jahr 2010 aufwändig restaurierte T2a, Baujahr 1969, als ehemaliger Krankentransportwagen zu erkennen. Der tiefergelegte Bus erhielt eine komplett neue Innenausstattung und wird heute als Camper bewegt.

Um einen US-Import handelt es sich bei diesem 1971 von Westfalia gebauten Typ 23 in der Ausstattungsvariante SO 72 „Los Angeles". Das Fahrzeug wurde von seinem heutigen Eigentümer restauriert und für ein eigenständiges Erscheinungsbild im Fahrwerksbereich modifiziert.

Die Campingwagen aus dem Hause Westfalia gehörten seit jeher zu den exklusivsten Bus-Varianten. Über sechs Jahre abgestellt auf einem Campingplatz verbrachte dieser 1978 mit Hubdach ausgelieferte T2b Westfalia SO 73 „Helsinki", bevor er 2005/2006 vollständig restauriert wurde.

In Eigenleistung neu aufgebaut wurde dieser T2a-Westfalia-Campingwagen, der deutlich die individuelle Handschrift seines Besitzers trägt. Eigentlich für den Export in die USA bestimmt, erfolgte seine Erstzulassung im August 1968 in den Niederlanden.

Damals wie heute zählt die Campingausführung zu den beliebtesten T2-Varianten, verbindet sie doch großen Alltagsnutzen mit hohem Freizeitwert. Der hier vorgestellte T2b Typ 2351 SO 76/1 Campingwagen aus dem Hause Westfalia mit Berlin-Ausstattung stammt von 1977 und wurde vor einigen Jahren teilrestauriert.

Eine gelungene Kombination aus Nostalgie und praktischem Nutzwert bieten die Campingwagen von Westfalia. Der hier vorgestellte Typ 2319 „Helsinki" mit vorderer Gepäckwanne gehört zu den meist verkauften Ausführungen und wurde im Jahr 2007 akribisch restauriert.

Um ein seltenes Schätzchen handelt es sich bei diesem T2b Westfalia P22 in US-Ausführung. Der 1978 gebaute Campingwagen verfügt bereits über einen 70 PS starken 2,0-Liter-Motor mit Katalysator und Bosch-L-Jetronic. Seine Innenausstattung, die sich wie auch das restliche Fahrzeug in Originalzustand befindet, ist mit der des deutschen „Berlin" vergleichbar.

Mit dem 1978 vorgestellten Typ 2211 „Bus L Achtsitzer-Sondermodell" bot VW erstmals eine auf 1600 Exemplare limitierte Kleinserie des Transporters an. Wegen der silberfarbenen Lackierung erhielt der Luxusbus im Volksmund schnell die Bezeichnung „Silberfisch".

Unten: Das ausschließlich mit dem 70-PS-Motor (siehe Auspuff auf der rechten Seite) erhältliche Sondermodell verfügte serienmäßig über vordere Kopfstützen, heizbare Heckscheibe, Radioanlage, hintere Drehfenster und das große Stahlkurbeldach. Die Innenausstattung war im eleganten Mittelblau gehalten.

Das Bus-Sondermodell „Prata" bildete, wie einst der „Silberfisch" in Deutschland, den Höhepunkt und Abschluss der luftgekühlten T2c-Ära.

Auf Wunsch war der „Prata" ab Importeur auch in einer sportlichen Version mit schwarzer Verglasung und Tieferlegungsfahrwerk mit Breitreifen erhältlich. Der 56 PS leistende luftgekühlte Boxermotor blieb dagegen unangetastet.

Insgesamt 40 des in Brasilien bis Dezember 2005 gebauten luftgekühlten T2c fanden bis 2006 den Weg nach Deutschland. Anstelle von Chrom dominiert Plastik: Das hier gezeigte Exemplar …

Unten: … ist ein T2c Typ 2110 Kastenwagen. Der zweisitzige Kastenwagen in der in Brasilien gängigen, eher spartanischen Standardausführung war im Jahr 2005 die günstigste Möglichkeit, einen fabrikneuen T2 sein Eigen zu nennen.

Seit 2006 wird der jetzt als Baureihe „T2 Kombi" bezeichnete aktuelle Brasilien-Transporter mit einem 80 PS starken wassergekühlten 1,4 Liter-„TotalFlex-Motor" für Benzin- und Alkoholbetrieb gebaut. Äußerliches Erkennungszeichen des nur in Weiß erhältlichen Südamerikaners ist sein schwarzer Kunststoffkühlergrill.

Unten: Neuwagentraum für Nostalgiker: Umgebaute Luxusversion des T2c mit Lederpolstern, Chrompaket und geändertem Dachaufbau. Die Zweifarbenlackierung gab es für alle importierten Brasilianer gegen einen saftigen Aufpreis von € 1800,-.

Rechts: Wie schon beim T1 verfügte auch beim T2 der Langmaterialanhänger SO 14 nur über eine einfache Rungenzange zur Aufnahme von langvolumigen Ladegütern. Wer zusätzlich Werkzeug mit seinem Nachläufer transportieren wollte, musste auch hier zum teureren SO 24 mit Stückguthänger greifen.

Noch im Originalzustand zeigt sich auf diesem Foto die 1977 gebaute Doppelkabine Typ 2650 aus dem ehemaligen Fuhrpark der Stadtwerke Hannover. Das inzwischen restaurierte Fahrzeug ist mit einem Wolperding-Nachläufer SO 14 von 1969 gekuppelt.

VW
BUS
T3

Der Bulli
wird eckig

Die Styling-Abteilung mit Modell und Original: Bereits im September 1974 absolvierte ein erster Prototyp diverse Testfahrten. *Foto: Stiftung AutoMuseum Volkswagen*

Als Rudolf Leiding 1971 das Ruder bei Volkswagen übernimmt, haben sich die luftgekühlten VW-Modelle längst zu Ladenhütern entwickelt, die den direkten Konkurrenten aus Köln und Rüsselsheim kaum mehr etwas entgegen zu setzen haben. Eine Ausnahme bildet lediglich der T2, der sich nach wie vor an der Spitze der Zulassungsstatistik leichter Nutzfahrzeuge behaupten kann. Da aber auch er im Zuge der Ölkrise ab 1973 empfindlich schwächelt, regt Leiding noch im selben Jahr die Entwicklung eines Nachfolgers an.

Favorisiert wird wiederum ein Frontlenker mit Heckmotor, der wahlweise mit Viergang-Schaltgetriebe oder Automatik erhältlich sein soll. Eine Konstruktion mit wassergekühlten Frontmotoren und Heckantrieb,

wie sie bereits in dem in der Entwicklung befindlichen Lastentransporter „LT" Einzug hält, wird dagegen kategorisch abgelehnt. Zu sehr werden die finanziellen Mittel für die Entwicklung des neuen Hoffnungsträgers Golf benötigt, weshalb für einen von Grund auf neu konstruierten Kleintransporter kein Geld vorhanden ist. Das Hauptaugenmerk soll stattdessen auf einem deutlich niedrige-

Unter dem Code-Namen EA 162 entwickelten die VW-Ingenieure den neuen T3. Der Entwicklungs-Auftrag umfasste alle Versionen, also Kastenwagen, Kombi, Bus, Pritschenwagen und Doppelkabine. Die Entwicklung der Campingmodelle lief unter EA 357. *Foto: Stiftung AutoMuseum Volkswagen*

ren Spritverbrauch sowie einem Pkw-ähnlichen Fahrkomfort gelegt werden. Als neue Motorenvariante bringt Leiding zudem den Dieselmotor ins Spiel, dem im Hinblick auf die steigenden Benzinpreise auch im Pkw- und leichten Nutzfahrzeugsegment eine große Zukunft eingeräumt wird. Allerdings hat der VW-Chef die Rechnung ohne seine Kalkulationsabteilung gemacht. Ein eigens für den T3 zu entwickelnder Selbstzünder mit Wasserkühlung wird mit mindestens 305 Millionen DM veranschlagt – zu viel für den finanziell stark strapazierten Konzern. Als kostengünstige Alternative soll daher eine Verdieselung des luftgekühlten Typ 4-Aggregats bzw. eine Anpassung des für die neue VW-Frontantriebsgeneration entwickelten 1.6-Liter-Selbstzünders geprüft werden.

Keine vier Monate nach der gesundheitsbedingten Ablösung Leidings durch den ehemaligen Ford- und Rheinstahl-Manager Toni Schmücker am 10. Februar 1975, verkündet dieser im Mai desselben Jahres die endgültige Entscheidung für die Entwicklung des T3 mit luftgekühltem Heckmotor. Allerdings verständigt man sich bereits im August 1976 im Entwicklungsausschuss darauf, den Motorraum sowohl für einen wassergekühlten Boxermotor als auch für den 1.6-Liter-Dieselmotor zu vergrößern. Die gesamte Entwicklungsarbeit geschieht computerunterstützt. Dank neuer Großrechner kann auch das für einen Frontlenker extrem wichtige Frontcrashverhalten durch den gezielten Einsatz von Versteifungsprofilen im Bereich der vorderen Fahrgastzelle perfektioniert werden, ohne dass dabei der Aufbau nennenswert an Gewicht zulegen muss.

Die Entwicklung des T3 vollzieht sich in einer wirtschaftlich und politisch äußerst turbulenten Zeit.

Als komplette Neuentwicklung kam im Mai 1979 der T3 als letzter VW mit Heckmotor auf den Markt. Die ersten Versionen mit luftgekühlten Boxertriebwerken sind leicht erkennbar an den hinteren Lüftungsgittern, die bei den später wassergekühlten VW-Motoren mit Kunststoff verkleidet waren. *Foto: Stiftung AutoMuseum Volkswagen*

Im Stil der 180er Jahre: Mit Zwei-Farben-Lackierung, wohnlicher Ausstattung und natürlich mit Rechtschutz- und großem D-Aufkleber konnte die Fahrt losgehen. *Foto: Stiftung AutoMuseum Volkswagen*

Bei der kantig-sachlichen Gestaltung des Armaturenbretts orientierten sich die VW-Ingenieure an Golf und Passat. Die gegenüber dem T2 neue Lenkradposition ergab ein PKW-ähnliches Fahrgefühl. *Foto: Stiftung AutoMuseum Volkswagen*

Weder in der Energiepolitik noch in der Bewältigung struktureller Probleme gibt es nennenswerte Fortschritte. Rationalisierung und eine verstärkte Jugendarbeitslosigkeit bestimmen nicht nur in der Bundesrepublik die Schlagzeilen. Zudem hat die Ölkrise bei vielen Bürgern für ein erstes Umdenken gesorgt. Eine alternative Lebensphilosophie und die Abkehr vom kompromisslosen Fortschrittsglauben münden schließlich im März 1979 in die Gründung der Partei „Die Grünen".

Nur zwei Monate später wird der T3 der Öffentlichkeit vorgestellt. Die Meinungen über „Europas Eintonner Nr.1", wie Volkswagen seinen neuen Kleintransporter vollmundig bewirbt, sind durchaus zweigeteilt: Während die Fachpresse teilweise kritisch auf die verpasste Chance zur technischen Neuausrichtung des VW-Transporters reagiert, zeigen sich langjährige T1- und T2-Fahrer

vom Fortbestand des klassischen Antriebskonzepts begeistert, was sich nicht zuletzt in „blind" getätigten Vorbestellungen äußert. Die letzten T2 stehen somit auf Halde und finden nur noch über üppige Rabatte den Weg zu den Kunden.

Da der T3 in der Öffentlichkeit meist nur als „modifizierter T2" wahrgenommen wird, weist VW in seinen Pressetexten immer wieder auf die enormen Anstrengungen hin, die nötig waren, um die Tradition des VW-Transporters mit modernster Technik zu kombinieren. Und tatsächlich: Auch wenn das Anknüpfen an das betagte Heckmotorprinzip eher dem Geldbeutel als der Tradition geschuldet ist, wirkt der T3 im Vergleich mit seinem Vorgänger um Längen gereifter.

Technisch sticht vor allem das neu entwickelte Fahrwerk heraus. Um die Standsicherheit zu erhöhen, hat man die Spur vorne und hinten auf 1570 mm verbreitert und die antiquierte Drehstabfederung durch Schraubenfedern ersetzt. Vorder- und Hinterräder sind nun einzeln aufgehängt, was für den gewünschten Pkw-ähnlichen Fahrkomfort sorgt. Zudem erlauben die vorderen Dreieck-Querlenker in Verbindung mit der ebenfalls neu entwickelten Zahnstangenlenkung einen größeren Lenkeinschlag und damit eine deutlich gesteigerte Wendigkeit: Der Wendekreis beträgt nur noch 10,70 m.

Weniger innovativ geht es dagegen im Motorraum zu. Mangels bauartbedingter Alternativen sind zunächst nur zwei luftgekühlte Boxermotoren erhältlich: Die Basis bildet der 50 PS starke 1,6-Liter, dessen

⊛ TRANSPORTER

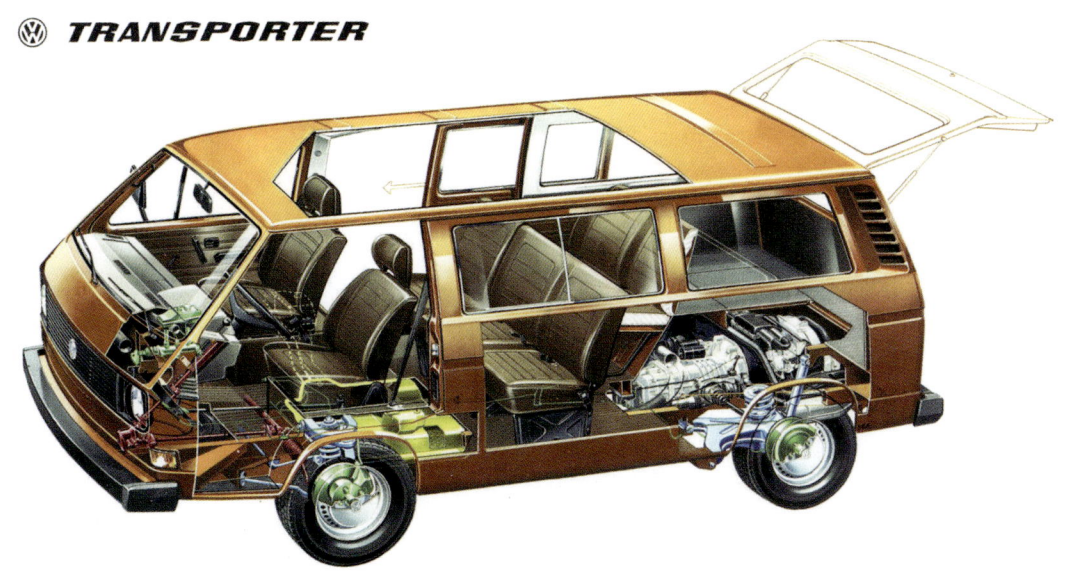

Alles Wichtige auf einen Blick zeigt die Phantom-zeichnung: die im Heck un-tergebrachte Antriebsein-heit, das modernere Fahr-werk und die Verformungs-elemente im Wagenbug.
Foto: Stiftung AutoMuseum Volkswagen

Der doppelte Grill war ein Erkennungsmerkmal aller wassergekühlten Modelle.
Foto: Stiftung AutoMuseum Volkswagen

Dank guter Motorisierung, angenehmem Komfort und sehr viel Platz erfreute sich der Joker von Westfalia bei der Kundschaft großer Beliebtheit.

Kühlluftgebläse nun anlog zum größeren Flachmotor von der Generatorachse auf die Kurbelwelle gewandert ist. Dies wird durch die Absenkung des Bodenblechs um rund 16 cm ermöglicht, die wiederum eine Vergrößerung der heckseitigen Ladeklappe um fast 75 % erlaubt. Über dem Basismotor rangiert lediglich der 2.0-Liter-Flachmotor mit 70 PS Leistung, der allerdings auch nicht gänzlich den Nachteil eliminieren kann, dass der T3 je nach Ausführung zwischen 50 und 100 kg Mehrgewicht auf die Waage bringt als sein Vorgänger.

Das Karosserieangebot ist wie gehabt vielfältig: Kasten- und Kombiwagen (beide optional mit Hochdach), Standard- und Großraumpritsche sowie eine Doppelkabine lassen auch den T3 zu einem Transporter für (fast) jeden Einsatzzweck werden. Hinzu kommt ab Februar 1980 der Campingwagen „Joker", der wiederum von Westfalia zugeliefert wird. Der Joker ist ebenfalls wahlweise mit und ohne Hochdach erhältlich und bereits ab Werk mit einer großen Gepäckwanne über dem Fahrerhaus ausgestattet. Isolierverglasung rundum, Gaskocher, Frischwassertank und Standheizung gehören ebenfalls zum serienmäßigen Ausstattungsumfang des deutlich luxuriöser gewordenen Campers.

Auch wenn alle Karosserievarianten ihre T2-Gene nicht verleugnen können, wirken sie doch durch die größeren Abmessungen spürbar „erwachsener", was nicht zuletzt dem Platzangebot im Fahrgast- bzw. Laderaum zu Gute kommt.

Neben der Spur ist auch der Radstand gewachsen. Hinzu kommen größere Fensterflächen, eine geräumigere Schiebetür sowie

Trotz der robotergestützten Montage: Moderne drehbare Gestelle erleichterten den Schweißern ihre Arbeit, wenn sie die Karosserien mit Punkten an Stellen nachschweißen, an die ein Roboter nicht herankommt. *Foto: Stiftung AutoMuseum Volkswagen*

Auch einige Lackierarbeiten mussten weiterhin per Hand ausgeführt werden. *Foto: Stiftung AutoMuseum Volkswagen*

Die Oberflächen-Qualitätskontrolle erfolgte ebenfalls manuell. *Foto: Stiftung AutoMuseum Volkswagen*

Bei der Montage der Vorderachse stellen die Arbeiter gleichzeitig das Fahrwerk ein. *Foto: Stiftung AutoMuseum Volkswagen*

ein an den aktuellen VW-Pkw-Modellen angelehnter Innenraum. Die neuen, in der Neigung verstellbaren Vordersitze sind auf einer Länge von 200 mm verschiebbar und ermöglichen so eine individuelle Anpassung an jeden Fahrer bzw. Fahrgast. Tank und Reserverad befinden sich im Vorderwagen und tragen somit zu einer ausbalancierten Gewichtsverteilung bei.

Die gelungene Kombination aus Pkw und Transporter spiegelt sich zunächst in vollen Auftragsbüchern wieder. Zu Beginn des Jahres 1980 kann die Belegschaftszahl im Transporterwerk Hannover auf 22.110 Mitarbeiter verstärkt werden. Und noch ein weiterer „Kasten" macht neben dem T3 von sich reden: Der vom ungarischen Designer Ernö Rubiks erfundene „Zauberwürfel" tritt seinen Siegeszug rund um den Globus an. Doch weltpolitisch ist die Lage angespannt. Zum Jahreswechsel 1979/80 startet die Sowjetunion eine Großoffensive in Afghanistan, die die Gräben zwischen dem Westen und dem Warschauer Pakt weiter vertieft. Die UdSSR wird daraufhin von den USA und ihren Verbündeten mit massiven Sanktionen belegt. Außerdem werden die im Juli 1980 in Moskau beginnenden XXII. Olympischen Sommerspiele von 57 Ländern boykottiert.

Im Februar 1980 stellt Volkswagen den T3 mit Dieselmotor vor. Der aus Golf und Passat bekannte Selbstzünder ruht hier allerdings um 50 Grad geneigt im Fahrzeugheck. Statt wie bisher mit 54 PS, muss der Transporter-Fahrer aber hier seine Fuhre mit vier Pferdestärken weniger ans Ziel befördern. Optisches Erkennungsmerkmal des neuen

Dieselmodells ist ein zweiter Kühlergrill für die Wasserkühlung an der Fahrzeugfront.

Bereits im März 1980 fließen die ersten Modellpflegemaßnahmen in die T3-Produktion ein. Der 1.6-Liter-Boxermotor bekommt eine digitale Leerlaufstabilisierung sowie eine Transistorzündung. Außerdem wird der Zylinderkopf überarbeitet. Ein neuer Gummipuffer im Kupplungsbereich sorgt zudem für eine Reduzierung der Schwingungsübertragung.

Ab August 1980 kann der T3 – wie einst der T1 – mit einer speziellen Gebirgsübersetzung bestellt werden, die ein höheres Drehmoment im ersten Gang bewirkt.

In der Bundesrepublik erschreckt einen Monat später das Wiederaufflammen rechter Gewalt die Gemüter: Bei einem Bombenattentat auf dem Münchener Oktoberfest sind am 26. September 1980 13 Tote und über 140 Verletzte zu beklagen.

Im Januar 1981 läuft endlich die Serienfertigung des Diesel-T3 an. Der sparsame Selbstzünder erfreut sich sofort einer großen Beliebtheit und gehört vor allem bei Behördenfahrzeugen zu der am häufigsten gewählten Bestelloption. Dennoch gerät der T3 in schwieriges Fahrwasser. Die Verkaufszahlen im europäischen Ausland und den USA gehen dramatisch zurück. Lediglich in Deutschland, Holland und Österreich sind die Zulassungszahlen weiterhin auf konstant hohem Niveau. Vor allem die mit Frontmotoren ausgestatteten Ford Transit und Toyota Hiace laufen dem T3 international

Wie schon die Vorgänger-
baureihen, so war auch der
T3 ein beliebtes Fahrzeug
bei Polizei und Feuerwehr.
*Foto: Stiftung AutoMuseum
Volkswagen*

Unten links: Die Idee
der Babynotarztwagen –
wie dieses Exemplar auf
T3-Basis – verfolgte das
Ziel, die bis 1974 hohe
Säuglingssterblichkeit in
Deutschland zu senken, in-
dem man unter anderem
einen schnellen und siche-
ren Transport zwischen den
damals häufig getrennten
Geburtskliniken und Kinder-
kliniken ermöglichte. *Foto:
Stiftung AutoMuseum
Volkswagen*

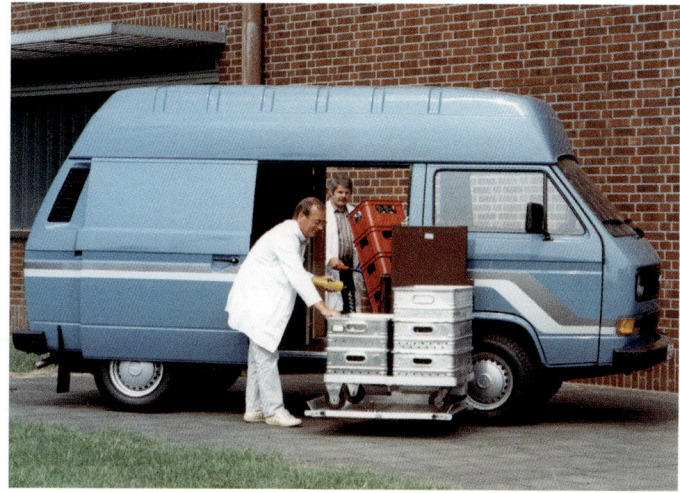

den Rang ab. Im Frühjahr 1981 ist von der
anfänglichen Euphorie in Hannover kaum
mehr etwas zu spüren. Kurzarbeit aufgrund
der rückläufigen Auftragszahlen lassen die
Erinnerung an die große VW-Krise zehn
Jahre zuvor wach werden.

Während man im Vorstand noch mit dem
vermeintlichen Schicksal eines wieder einmal schwächelnden Transporters hadert, beschließt die Abteilung „Fahrwerkstechnik"
unter ihrem Technischen Leiter Gustav Mayer, sich auf die Entwicklung eines auch inter-

Universaltalent für Transportaufgaben: Im Jahr 1981
kostete der Hochraum-Kas-
tenwagen 19.965 Mark –
ohne Motor. Das 2-Liter-
Benzintriebwerk kostete
1885,- Mark; der Diesel
stand für 1950,- Mark in der
Preisliste. *Foto: Stiftung
AutoMuseum Volkswagen*

national konkurrenzfähigen T3-Nachfolgers mit Frontantrieb zu verlegen. Bereits ein Jahr später stehen die ersten T4 für Versuchsfahrten zur Verfügung. Währenddessen versucht man mit neuen Ausstattungspaketen der sinkenden Attraktivität des T3 entgegen zu wirken: Mit der Ausstattungslinie „Caravelle" bringen die Wolfsburger im September 1981 eine betont luxuriöse T3-Variante auf den Markt. Zur Serienausstattung der siebensitzigen „Großraumlimousine" zählen unter anderem eine Zweifarbenlackierung, Chromstoßstangen mit Gummiauflage, Stahlgürtelreifen 185SR14 und eine Heckscheiben-Wisch-Waschanlage. Im Innenraum verströmen Veloursteppichboden, hochwertigere Sitzbezüge, ein gepolsterter Dachhimmel sowie Armlehnen an allen Sitzenplätzen echtes Limousinenambiente.

Zur Reduzierung des Strömungsgeräuschs erhalten alle T3 schwarze Kunststoffgitter an den Lüftungsschlitzen in der C-Säule. Außerdem kann die gebremste Anhängelast nun mit Ausnahmegenehmigung auf 1800 kg bei Schalt- bzw. 1000 kg bei Automatikfahrzeugen erhöht werden.

Am 1. Januar 1982 übernimmt Carl H. Hahn den VW-Vorsitz. Er tritt damit die Nachfolge von Toni Schmücker an, der sich bereits Mitte 1981 nach einem schweren Herzinfarkt aus der Führungsetage zurückgezogen hat.

Der T3 erhält endlich wassergekühlte Motoren

Während immer mehr asiatische Kleintransporter den Weltmarkt erobern, wird für den T3 sein nicht mehr zeitgemäßes Antriebskonzept zu einer immer schwerer werdenden Bürde. Selbst altgediente Bulli-Fahrer wandern inzwischen angesichts der im direkten Vergleich weniger leistungsfähigeren und im Winter nicht optimal heizenden Motoren zur Konkurrenz ab. Das Steuer wieder herumreißen soll ein neuer „Wasserboxermotor". Ihn gibt es ab August 1982 mit 60 und 78 PS Leistung. Wie schon der Diesel, ist auch der wassergekühlte Ottomotor an einen zusätzlichen Kühlergrill an der Fahrzeugfront zu erkennen. Der Ausgleichsbehälter ist ebenfalls hinten im Motorraum untergebracht. Beide neuen Wasserboxer verfügen über Leichtmetallzylinderköpfe und eine dreifach gelagerte Kurbelwelle, und zeichnen sich durch einen geringeren Verbrauch sowie deutlich reduzierte Abgaswerte aus. Hinzu kommt eine wesentlich verbesserte Heizleistung. Erstmals gibt es deshalb ein dreistufiges Heizungs- und Belüftungssystem; beim Bus kann zudem ein zusätzlicher Wärmetauscher unter der hinteren Sitzbank als Extra (Serie bei Automatik) geordert werden. Die neue Dreipunktlagerung anstelle der bisherigen Vierpunktaufhängung des Motors sorgt für eine deutlich geringere Resonanzübertragung in den Innenraum. Weitere Neuerungen sind eine sich selbst nachstellende hydraulische Kupplung sowie ein optional

erhältliches Fünfgang-Schaltgetriebe. Außerdem zählen jetzt Bremskraftverstärker, Automatik-Sicherheitsgurte und Stahlgürtelreifen 185SR14 zum serienmäßigen Ausstattungsumfang aller T3-Modelle. Auf Wunsch vieler Handwerker kann zudem das zulässige Gesamtgewicht auf 2600 kg erhöht werden.

Das Jahr 1983 steht bei Volkswagen ganz im Zeichen des neuen Golf II. Für den T3 bleibt daher nur wenig Raum für nennenswerte Veränderungen. Am 1. August 1983 geht der T3 mit einer veränderten Typenbezeichnung in das neue Modelljahr. Die Bezeichnung „Caravelle" wird von nun an für alle Busvarianten übernommen, während alle Nutzfahrzeugversionen fortan „Transporter" heißen. Die Motorleistung der Caravelle wird auf 90 PS angehoben. Dies wird durch den Einsatz der neuen elektronischen Digijet-Einspritzanlage ermöglicht, die bei Bedarf mit einem Katalysator kombiniert werden kann.

Topmodell ist jetzt die „Caravelle Carat". Der Luxusbus ist dank seiner umlaufenden Kunststoffbeplankung bereits auf den ersten Blick als Nummer 1 der T3-Baureihe zu erkennen. Dazu gibt es rechteckige Halogenscheinwerfer, ein tiefergelegtes Fahrwerk sowie eine schwarze Kunststoffblende zwischen den Rückleuchten. Aber auch im Innenraum herrscht ein gehobenes Ambiente: Die mittleren der insgesamt sechs Einzelsitze sind drehbar ausgeführt; die beiden Rücksitze lassen sich in der Höhe verstellen. Eine wärmedämmende Colorverglasung, Dreh-

zahlmesser, Stereoanlage, Servolenkung, Veloursausstattung und Zentralverriegelung lassen selbst manch gestandenen Limousinenfahrer schwach werden.

Doch auch im Nutzfahrzeugbereich gibt es eine wichtige Änderung: Der Hochraumkastenwagen erhält endlich eine in den Dachaufbau hineinragende Schiebetür. Außerdem gibt es auf Wunsch hinter den Vordersitzen eine bis zum Fahrzeugdach reichende Trennwand mit optionalem Durchgang.

Während überall nur noch über das bevorstehende Orwell-Jahr 1984 geredet wird, sind ab Dezember 1983 Gardinen für die Seitenscheiben des Busses ab Werk erhältlich. Ob dies der im Science Fiction-Roman 1984 beschriebenen Totalüberwachung vorbeugen soll, ist allerdings nicht überliefert ...

Nach den Werksferien 1984 rückt eine verbesserte Rostvorsorge in den Fokus der VW-Ingenieure. Ab August erhalten alle T3 eine Unterboden- und Hohlraumkonservierung ab Werk; zudem wird der Lackaufbau optimiert und in besonders korrosionsanfälligen Karosseriebereichen werden verzinkte Bleche eingesetzt.

Serienmäßige vordere Kopfstützen, zwei Rückfahrscheinwerfer und ein abschließbarer Tankdeckel gehören fortan zum Ausstattungsumfang jedes T3. Außerdem kann durch die Verwendung eines verstärkten Querlenkers an der Vorderachse die Nutzlast für alle Modelle vereinheitlicht werden.

Mit den Schaltern können beim T3 Syncro die vordere und hintere Differenzialsperre zu- oder abgeschaltet werden. Ein dritter Schalter … *Foto: Stiftung AutoMuseum Volkswagen*

Abgesehen von Einzelinitiativen blieb dem Synchro – trotz geeigneter Technik und wie hier mit 16-Zoll-Fahrwerk – eine große Sportkarriere verwehrt. Generell aber kamen verschiedene T3-Ausführungen häufiger als Servicefahrzeug für Teams bei diversen Rallye-Veranstaltungen zum Einsatz. *Foto: Stiftung AutoMuseum Volkswagen*

Der geschlossene Transporter ist jetzt auch mit dem 90 PS starken Einspritzmotor aus der Caravelle erhältlich. Wichtigste Neuerung ist jedoch ein neuer Turbodiesel mit 70 PS Leistung, der für alle Karosserievarianten verfügbar ist. Außerdem tauchen erstmals Komfortfeatures wie Digitaluhr mit Drehzahlmesser, elektrisch verstell- und beheizbare Außenspiegel, ein beleuchteter Make-Up-Spiegel sowie ein Sonnendach aus Sicherheitsglas in der Aufpreisliste für den Bus auf.

… sorgte für das Zu- oder Abschalten des Frontantriebs. Diese Option wurde bei der Bestellung aber selten angekreuzt. *Foto: Stiftung AutoMuseum Volkswagen*

Zum Jahresende 1984 läuft bei der Steyr-Daimler-Puch AG in Graz die Vorserienproduktion des allradgetriebenen Modells „Syncro" an. Eine im Vorderachsdifferenzial untergebrachte Viscokupplung sorgt hier für eine Zwischendifferenzial-freie Verteilung der Antriebskraft. Für eine bessere Geländegängigkeit wird zudem die Bodenfreiheit um 60 mm und der Federweg um 20 mm erhöht.

Mehr Leistung: Ab Sommer 1985 war der Digijet-Einspritzbenzinmotor erhältlich. Aus 2109 ccm mobilisierte das Triebwerk 112 PS Leistung und stellte dem Fahrer ein Drehmoment von 174 Nm bereit. *Foto: Stiftung AutoMuseum Volkswagen*

Bereits im Februar 1985 stehen die ersten Serien-Syncro bei den Händlern. Der anfänglich nur mit dem 78-PS-Boxermotor erhältliche Allrad-T3 unterscheidet sich optisch nur geringfügig vom konventionellen Modell, da durch die als Fahrschemel ausgebildete neu konstruierte Vorderachse keine Änderungen an der Karosserie notwendig waren. Vor allem Forstbetriebe und das Militär zeigen sich von der ausgewogenen Mischung aus Stadtwagen und Offroader begeistert. Alle Syncro verfügen über ein spezielles Viergangschaltgetriebe mit zusätzlichem Geländegang, das den Wagen in Verbindung mit den aufpreispflichtigen, pneumatisch zuschaltbaren Differenzialsperren zu einem echten Geländefahrzeug macht.

Wer es lieber komfortabel statt rustikal mag, ist ab April 1985 mit dem neuen „Multivan" bestens bedient. Mit seinem Mix aus Bus und Campingwagen trifft er genau den Nerv der gerade aufkeimenden Freizeitgesellschaft. Wem der Joker als Zweitwagen

bislang zu teuer ist, hat mit dem Multivan endlich einen Erstwagen mit hohem Freizeitwert zur Wahl. Einzelsitze mit Armlehnen vorne, Seitenverkleidung mit Klapptisch, Getränkehalter und Kühlbox, umlegbare Rücksitzbank und ein durchgehend ausgekleideter Fußboden sind nur einige Vorteile des neuen Modells. Gegen Mehrpreis ist sogar ein Westfalia-Ausstelldach lieferbar, dass den Multivan endgültig zum „kleinen Joker" macht.

Am 7. Juli 1985 versetzt ein junger Leimener ganz Deutschland in ein lang anhaltendes Tennisfieber: Als erster Deutscher gewinnt der erst 17-jährige Boris Becker das Finale der Wimbledon Championships. Nur einen Monat später läuft auch der T3 zu neuer Höchstform auf. Ein 2109 ccm großer Benzin-Einspritzer mit 112 PS Leistung und 174 Nm Drehmoment soll nicht nur für limousinenhafte Fahrleistungen sorgen, sondern auch die Eignung des norddeutschen Multitalents als Zugfahrzeug unterstreichen.

Der perfekte Freizeitsport-
ler: der ab Ende 1984 angebotene T3 Synchro. Mit den
neuen Turbodiesel- und
Wasserboxermotoren war
der T3 als Zugfahrzeug auch
endlich eine wirklich Alternative für viele Kunden des
Hauptkonkurrenten aus
Köln. In Sachen Allrad hatten sich die Wolfsburger die
Expertise der österreichi-
schen Traditionsfirma in Sachen Vierrad-Antrieb Steyr-
Daimler-Puch bereits 1982
gesichert. Die Syncro-Busse
wurden mit eigenen Getrie-
ben auf Basis von Bausätzen
aus Hannover in Österreich
montiert. *Foto: Stiftung
AutoMuseum Volkswagen*

Volkswagen-Boss Carl H.
Hahn würdigte im Januar
1986 mit einer Festrede die
Fertigstellung des sechs-
millionsten Bullis.
*Foto: Stiftung AutoMuseum
Volkswagen*

Als am 17. Oktober 1985 schließlich die offizielle Verabschiedung des Käfers erfolgt, ist der T3 das letzte verbliebene Heckmotormodell im Volkswagen-Programm.

Das Jahr 1986 beginnt mit einer umfassenden Aufwertung der Caravelle Syncro, die ab sofort mit einem 16-Zoll-Fahrwerk lieferbar ist. Neben Hochleistungsschwingungsdämpfern an Vorder- und Hinterachse, verstärkten Antriebswellen sowie einer geänderten Achsübersetzung, gehören auch eine hintere Differenzialsperre, größere Bremsen und Karosserieverstärkungen zum neuen 16-Zoll-Paket. Außerdem bereichern spezielle Radlaufabdeckungen aus Kunststoff und das serienmäßige Schlechtwetterpaket Funktion und Optik gleichermaßen.

Nur wenige Tage nach Vorstellung des „hochbeinigen" Syncros läuft der insgesamt sechsmillionste VW-Transporter vom Band. Das werbeträchtige Ereignis wird ebenso mit einem offiziellen Festakt gewürdigt, wie das dreißigjährige Bestehen des Transporterwerkes in Hannover am 8. März. Wobei die Zukunftsaussichten des T3 wieder einmal getrübt sind: Trotz der kontinuierlichen Modellpflegemaßnahmen mit neuen Motoren und Ausstattungslinien, muss sich der T3 in der europäischen Zulassungsstatistik für Kleinlastwagen erstmals dem neuen Ford Transit geschlagen geben.

Doch das alles rückt in den Hintergrund, als es am 26. April 1986 im Kernkraftwerk von Tschernobyl zum bisher schwersten Unfall in der Geschichte der Atomenergie kommt. Zwei Explosionen zerstören einen der vier Reaktorblöcke und es gelangen große Mengen radioaktives Material in die Atmosphäre, so dass weite Teile der Ukraine, Russlands und Weißrusslands nuklear verseucht werden. Die radioaktive Wolke zieht letztlich bis nach Mitteleuropa und verbreitet somit auch hierzulande Angst und Schrecken.

VW bietet im selben Monat für die Selbstzünder eine Servolenkung an. Nach den Werksferien ist diese bei allen Motoren (Ausnahme Basismotor) serienmäßig an Bord. Zudem ist der Syncro jetzt auch mit dem 2,1-Liter-Motor und 95 bzw. 112 PS sowie mit dem Turbodiesel und 70 PS Leistung erhältlich. Neu ist außerdem ein Saugdiesel mit 57 PS aus 1715 ccm Hubraum, der über deutlich größere Hub- und Bohrungsmaße verfügt und dadurch spürbar mehr Durchzugskraft bietet. Für einen verbesserten Insassenschutz sorgt ab sofort eine Windschutzscheibe aus Verbundsicherheitsglas. Dafür fällt bei der Großraumpritsche der fahrzeugspezifische Außenspiegel dem Rotstift zum Opfer.

Ab Februar 1987 kann der T3 auf Wunsch endlich auch mit Antiblockiersystem bestellt werden. Außerdem erhöht zwei Monate später eine optionale Sitzheizung für den Fahrer den winterlichen Fahrkomfort. Zu einer Komfortsteigerung trägt auch das neue Windgeräuschpaket für den Bus bei (Kombi gegen Mehrpreis), das eine Verlegung der Zwangsentlüftung von den Vordertüren in den Fensterausschnitt der hinteren Seitenscheiben beinhaltet.

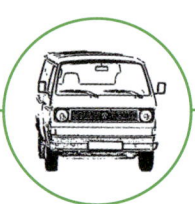

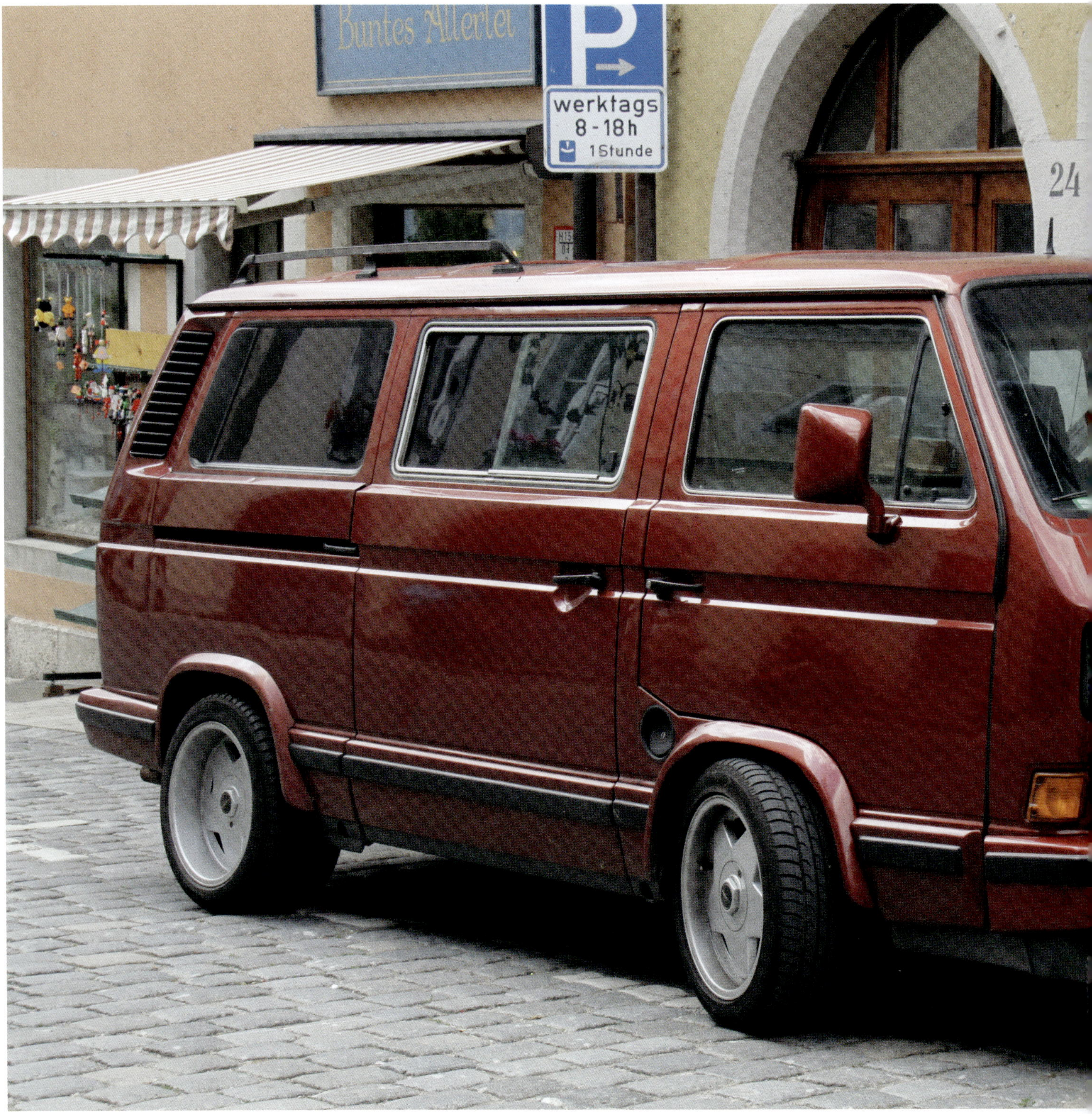
Buntes Allerlei
P
werktags
8 - 18h
1Stunde
24

Sechszylinder in VW-Bussen müssen nicht von Porsche sein: Der VW-Tuner Oettinger präsentierte auf der IAA 1985 den wbx-6, in dessen Motorraum ein 3164 ccm großes Sechszylindertriebwerk den T3 mit 140 PS bei 5000/min nach vorn schob. *Foto: Stiftung AutoMuseum Volkswagen*

Zwei Jahre später erschien eine Version mit 3,7 Litern Hubraum und 180 PS. Mit einem Einstiegspreis ab DM 100.000,- war dieser Schnell-Bus zur damaligen Zeit teurer als ein Porsche 911 Carrera. Von beiden Ausführungen wurden zwischen 1987 und 1989 ca. 500 (andere Quellen sagen bis zu 700) Exemplare gefertigt.

Ab August 1987 rollt die als Sieben- bzw. Achtsitzer erhältliche „Caravelle Coach" zu den Kunden. Die reichhaltige Zusatzausstattung reicht von Breitreifen der Dimension 205/70R14 über Seitenblenden und Frontspoiler bis hin zum tiefergelegten Fahrwerk, und soll vor allem sportlich orientierte Familienväter ansprechen. Für Vortrieb sorgt wahlweise der 2,1 Liter-Ottomotor mit 112 bzw. 95 PS (letzterer mit G-Kat) oder der Turbodiesel mit 70 PS Leistung.

Noch extravaganter gibt sich ab Dezember 1987 das Sondermodell „Tri Star Syncro", das die Vorzüge einer offenen Ladefläche mit dem Komfort der Caravelle Coach kombiniert. Die in vier Farben erhältliche Doppelkabine gibt es als 78-, 95- und 112

PS-Benziner. Zudem ist auch hier der 70 PS leistende Turbodiesel verfügbar. Breitreifen 205/70R14, Doppelrechteckscheinwerfer mit Reinigungsanlage, Schiebefenster in den Kabinentüren sowie Leichtmetallbordwände lassen keinen Zweifel darüber aufkommen, dass es sich dabei um das Spitzenmodell der Nutzfahrzeugreihe handelt.

1988 wirft bereits der zukünftige T4 seine Schatten voraus. Seine eigens für ihn entwickelte Lackieranlage, die erstmals von den Montagehallen getrennt errichtet worden ist, kann in Betrieb genommen werden. Mit einem Investitionsvolumen von 360 Millionen DM ist sie das bislang teuerste Neubauprojekt im Hannoveraner Werk. Vor diesem Hintergrund fallen die Modifikationen am T3

Der TriStar war ein T3-Sondermodell auf Basis der Doppelkabine (Doka). Das Allradchassis trug dabei eine umfangreiche Luxusausstattung, die von heizbarer Heckscheibe über Getränkehalter, Teppichboden im Fahrgastraum, hintere Sitzbank mit Einzelsitzen, umschäumtes Lenkrad bis hin zum beleuchteten Make-Up-Spiegel reichte. *Foto: Stiftung AutoMuseum Volkswagen*

Der als „Vielzweckfahrzeug"
angepriesene Fensterbus
verband wie kein zweiter T3
hohen Nutzwert mit hoch-
wertiger Ausstattung zu einem vergleichsweise günstigen Preis. Zur Ausstattung
gehörten die Stoßstangen
von der Carat-Ausführung
und der rechteckiger Doppel-
scheinwerfergrill.
*Foto: Stiftung AutoMuseum
Volkswagen*

vergleichsweise bescheiden aus und be-
schränken sich auf technische Detailverbesserungen sowie neue Ausstattungspakete.

Als neues Einstiegsmodell ist ab Januar
1988 der Transporter „K800" erhältlich. Der
als Kombi- und Kastenwagen bestellbare
Billig-T3 zielt vor allem auf kleinere Handwerksbetriebe und Behörden, die weniger
auf die Ausstattung, als vielmehr auf den
Preis schielen. Folglich verlässt der K800
ohne Halogenscheinwerfer, Heckfenster,
Innenspiegel und Gummiauflagen auf den
Radkästen das Werk. Außerdem fehlen auf
der Beifahrerseite Sonnenblende und Halte-
griff. Wegen der schmaleren, grundsätzlich
mit schwarzen Radkappen „verzierten"

Räder, ist zudem die maximale Nutzlast auf
800 kg begrenzt.

Deutlich aufgewertet wird dagegen die Ausstattung des Multivan mit dem im Mai er-
scheinenden Sondermodell „Magnum", das
mit Halogen-Doppelscheinwerfern, kunst-
stoffbeplankten Stoßfängern, 205er Reifen
mit Radzierblenden, hellgrauen Stoffsitzen
und Innenverkleidung, drei Kopfstützen im
Fahrgastraum sowie einer Kindersicherung
für die Schiebetür punkten kann.

Im Oktober 1988 stellen Volkswagen und
Westfalia gemeinsam den Campingbus
„California" auf die Räder. Das im Vergleich
zum Joker deutlich ausstattungsreduzierte

Fortsetzung S. 218

Der Kunde konnte wählen zwischen „Joker 1" und „Joker 2": Die Unterschiede bestanden in der Innenausstattung. *Foto: Stiftung AutoMuseum Volkswagen*

Zeitgleich zur Präsentation des T3 brachte Westfalia den „Joker". Das hinten angeschlagene Hubdach gehörte zur Serienausstattung. Ebenfalls ab Werk war der „Joker" bereits mit einer großen Gepäckwanne über dem Fahrerhaus ausgestattet. *Foto: Stiftung AutoMuseum Volkswagen*

Auf dem Caravansalon in Essen 1988 zeigte Volkswagen den „California". Als Basis diente ein „Joker" mit reduzierter Serienausstattung, allerdings konnten die Kunden bei diesem von Westfalia gebauten Campingbus je nach persönlichen Ansprüchen alle Sonderausstattungen der Transporter-Preisliste als Extra bestellen. Aus Kostengründen war er ausschließlich in den Farben „Marsallarot" und „Pastellweiß" erhältlich. *Foto: Stiftung AutoMuseum Volkswagen*

Die Ausführung „Atlantic" von Westfalia war eine nochmals aufgewertete Wohnmobilversion. Als Erkennungsmerkmal galten die in Wagenfarbe lackierten Gehäuse der Außenspiegel und die rundum angebrachte Kunststoff-Beplankung. Wer das maritim angehauchte Sondermodell sein Eigen nennen wollte, musste allerdings einen saftigen Aufpreis von rund DM 7000,- zum billigsten Wohnmobil „California" zahlen. *Foto: Stiftung Auto-Museum Volkswagen*

Der ab 1981 erhältliche „Dehler Profi" gilt bis heute als optischer Meilenstein der T3-Baureihe. Das strömungsgünstige Hochdach war das Markenzeichen des Mehrzweckfahrzeugs aus dem Hause Dehler. Diese Firma mit ihren Wurzeln im Yachtbau, saß im sauerländischen Meschede. Als Zielgruppe hatte man gutsituierte Käufer im besten Alter ausgemacht, die mit möglichst viel Luxus auf große und kleine Fahrt gehen wollten. Mit als Wohn- und Büroraum nutzbarem Innenausbau wurde er übrigens zulassungsrechtlich als „Sonder-Kfz. Bürofahrzeug" eingestuft. *Foto: Stiftung AutoMuseum Volkswagen*

Das Sondermodell „Bluestar" bereicherte ab 1989 die T3-Palette. Mit tiefergelegtem Fahrwerk und Breitreifen der Dimension 205/70 R14 auf 14-Zoll-Alufelgen machte der Multivan eine durchaus sportliche Figur – was die Werbeabteilung auch gekonnt umsetzte. *Foto: Stiftung AutoMuseum Volkswagen*

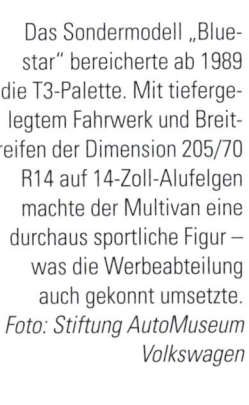

218

204 PS, sechs Räder und Vierradantrieb, fast 200 km/h: Das sind die Daten des Artz/VW-Busses. Das rollende Konferenzzimmer kostet eine Viertelmillion

Der Super-bus fährt fast 200

Einen Bus, der es in sich hat, baut der Hannoveraner Autoveredler Artz: mit Porsche-Motor und zwei angetriebenen Hinterachsen. Zum Preis von 250 000 Mark

Der Sechszylinder-Boxer-Motor aus dem Porsche 911

Der Bus ist allerdings als fahrendes Luxusbüro konzipiert, nicht als Wohnmobil. Daß ein Schreibtisch eingebaut ist ebenso wie eine Dusche, versteht sich von selbst. Sonderwünsche sind erwünscht.

Platz ist genug vorhanden, denn der Bus wurde um einiges verlängert und verbreitert. Während der Normal-Bus 4570 mm lang und 1845 mm breit ist, bringt es der Artz-Umbau auf 5785 mm Länge und 2200 mm Breite. Der Innenraum ist somit groß genug, auch eine kleinere Vertreterversammlung aufzunehmen. Daß eine Klimaanlage für die nötige Frisch- und Kaltluft sorgt, um hitzige Debatten erträglich zu machen, versteht sich von selbst.

Die Firma Artz nimmt schon Bestellungen entgegen. Vorläufig sollen zehn dieser Busse gebaut werden. Zum Stückpreis von 250 000 Mark. Firmenchef Artz ist überzeugt, daß die zehn Busse binnen kurzer Zeit verkauft sind.

Peter Groschupf

So stellte sich der norddeutsche Tuner Artz eine Porsche-motorisierte Version des T3 vor. Das Technik-Magazin *hobby* berichtete im Jahr 1983 über dieses spektakuläre Projekt.

Oben: Selbstverständlich war für den Joker auch eine ausfahrbare Sonnenmarkise lieferbar, die allerdings in einem wenig attraktiven Seitenkasten untergebracht war und deshalb bei vielen Kunden als verzichtbares Extra galt. *Foto: Stiftung AutoMuseum Volkswagen*

Rechts: Verkauften sich die T1- und T2-Campingwagen noch mehrheitlich als Zweitwagen für die große Urlaubsfahrt, erreichte der T3 mit dem veränderten Freizeitverhalten der 1980er Jahre schnell den Status eines universell einsetzbaren Erstwagens – getreu dem Motto „Campen wann immer man will (und darf)". *Foto: Stiftung AutoMuseum Volkswagen*

Freizeitmobil kann wahlweise mit Ausstell- oder Hochdach geordert werden. Für Vortrieb sorgen entweder die Benziner mit 78, 95 und 112 PS oder der Turbodiesel mit 70 PS Leistung. Neben praktischen Schränken und Ablagen, versüßen unter anderem ein 8 kg fassender Propangastank, ein 20-Liter-Abwasserbehälter, ein 55-Liter-Frischwassertank, ein Kühlschrank und ein 220-Volt-Anschluss den Campingalltag.

Da die neuen Ausstattungslinien für eine deutliche Absatzbelebung sorgen, entschließt sich Volkswagen, den T3-Verkauf mit weiteren Sondermodellen anzukurbeln. Im April bzw. Oktober 1989 erscheinen die jeweils auf 6000 Exemplare limitierten Multivan-Sonderserien „Bluestar" und „Whitestar", die ihrem Namen entsprechend, ausschließlich in Blau bzw. Weiß erhältlich

sind. Mit dem Whitestar debütiert auch der ausstattungsgleiche „Red Star" in roter Farbgebung, von dem bis 1992 allerdings nur 837 Fahrzeuge einen Käufer finden.

Am 1. August 1989 fällt der Joker aus dem Programm. Seine Nachfolge tritt einen Monat später das auf dem California basierende Sondermodell „Atlantic" an. Außerdem wird die luxuriöse allradgetriebene Doppelkabine „Tri Star Syncro" noch einmal aufgelegt.

Alle T3 werden nun mit einer modifizierten Zündanlage und einem serienmäßigen Fünfgang-Schaltgetriebe ausgeliefert (60-PS-Benziner auf Wunsch auch mit Viergang-Schaltgetriebe). Zudem gibt es deutlich mehr Individualisierungsmöglichkeiten. So können jetzt alle geschlossenen Versionen mit einer beheizbaren Heckscheibe und

Links: Treffen der Generationen: Sehr große Ähnlichkeit mit der hier gezeigten TriStar-Version hatte der T3 „Jagdwagen", der speziell auf die Bedürfnisse von Förstern und Jägern zugeschnitten war. Die in nur geringer Stückzahl gefertigte Ausführung hatte 16-Zoll-Räder und zusätzlich noch eine vorn angebrachte Seilwinde. *Foto: Stiftung AutoMuseum Volkswagen*

Unten: Für Forst, Jagd und Freizeit konzipiert, eroberte das Doka-Sondermodell „TriStar Syncro" schnell als Lifestyle-Auto eine große Fangemeinde. Vor allem mit dem optional erhältlichen Techau-Überrollkäfig avancierte die allradgetriebene Doppelkabine vollends zum trendigen Freizeitmobil. *Foto: Stiftung AutoMuseum Volkswagen*

Heckscheibenwischer geordert werden. Außerdem sind für die Pritschenmodelle ein Ablagefach in der Fahrertür, ein abschließbares Handschuhfach, ein abblendbarer Innenspiegel, Heckscheibenwischer, Tageskilometerzähler, Zeituhr und Zigarettenanzünder bestellbar.

Während der Fall der Berliner Mauer im November 1989 das Ende der deutschen Teilung einleitet, beginnt für den T3 im Werk Hannover allmählich die Abenddämmerung. Bereits im August 1990 soll er dem

neuen T4 Platz machen. Da allerdings die Nachfrage als Behördenfahrzeug ungebrochen ist, entschließt man sich kurzerhand, ihm eine Gnadenfrist einzuräumen. Hierzu wird ein Großteil der T3-Fertigung im Frühjahr 1990 nach Graz verlagert, so dass dort nun allrad- und heckgetriebene Fahrzeuge parallel vom Band laufen.

Als die deutsche Fußballnationalmannschaft im Juli 1990 in Rom zum dritten Mal Fußballweltmeister wird, sind die Tage für den T3 in Hannover bereits gezählt. Ein wenig unbeachtet im Trubel um die im Oktober erfolgte deutsche Wiedervereinigung, läuft am 30. November die T3-Produktion im Stammwerk aus. 1992 wird sie auch im Werk Graz offiziell eingestellt.

Bevor es jedoch soweit ist, bringen die Wolfsburger im März 1992 eine Neuauflage des Multivan als „Limited Last Edition" auf den Markt. Die finale Sonderedition basiert auf dem Blue Star und ist auf 2500 Exemplare limitiert. Bei den Motoren hat man die Wahl zwischen dem 70-PS-Turbodiesel und dem 25 PS stärkeren Benziner. Da man in Wolfsburg mit einer verhaltenen Nachfrage rechnet, wird mehreren hundert Werksangehörigen ein Last Edition-Bus zum Kauf in Aussicht gestellt. Doch das viel zu voreilig, denn die Serie ist im Nu vergriffen und die betreffenden Mitarbeiter entsprechend verstimmt. Aus diesem Grund legt Volkswagen Ende 1992 bzw. Anfang 1993 zwei weitere, völlig identisch ausgestattete Sonderserien speziell für die Belegschaftsmitglieder auf, die werksintern als „Very Last Limited Edition" und „Very Very Last Limited Editon" in

Ab 1990 stand mit dem T4 die neue Bus-Generation in den Schaufenstern der Händler. Ab Werk wurden zwei unterschiedliche Radstände (2920 mm und 3320 mm) angeboten. Im Jahre 2003 kam der komplett neu konstruierte Nachfolger VW T5 auf den Markt. *Foto: Volkswagen Nutzfahrzeuge*

Oben: Mit der auf 2500 Einheiten begrenzten Limited Last Edition ließ VW den T3 im Jahre 1992 in Deutschland auslaufen. Als Antrieb konnten die Kunden wahlweise den bekannten 2,1-Liter-Wasserboxer mit Einspritzanlage und 92 PS oder den 70-PS-Turbodiesel zur Verfügung bei der Bestellung ankreuzen. *Foto: Stiftung AutoMuseum Volkswagen*

Auf den Fahrzeugtüren verkündet ein Aufkleber, um welches der 2500 Exemplare es sich handelt: Hier steht Nummer 1653. Es gab noch zwei weitere „letzte Editionen", die aber nicht limitiert waren. *Foto: Stiftung AutoMuseum Volkswagen*

Der etwas andere „VW-Porsche": Helmuth Bott, seines Zeichens Forschungsvorstand beim Stuttgarter Sportwagenhersteller, veranlasste Anfang der 1980er Jahre die Entwicklung eines Sport-T3. Der 145.000 Mark teure Porsche B32 wurde befeuert vom dem hauseigenen 231-PS-Triebwerk aus dem 911 Carrera 3.2, für den 1984 übrigens im Vergleich schon fast lächerliche 66.984 Mark aufgerufen wurden. Je nach Quelle entstanden 15 bis 20 Exemplare des Power-Bullis, dessen Sechszylinder die Fuhre in 9,6 Sekunden auf 100 km/h beschleunigte. Dank der Porsche-Fahrgestellnummer konnte jeder der Eil-Transporter seine sportliche Abstammung auch unzweifelhaft nachweisen.

Ein Wohnanhänger der besonderen Art: Innenraumprobleme sollte es bei diesem Gespann nicht geben.

die Geschichte eingehen. Die Auflage beträgt insgesamt 500 Fahrzeuge, die allerdings im Gegensatz zur offiziellen Abschiedsserie weder durchnummeriert, noch mit einer Urkunde versehen sind. Auch gibt es keine fortlaufenden Fahrgestellnummern und nur den 70-PS-Turbodiesel als Antriebsquel-

le. Während in Graz in den kommenden drei Jahren noch einige Doppelkabinen für Behörden gebaut werden, läuft schließlich der allerletzte T3 im Sommer 2002 im für den afrikanischen Markt produzierenden Werk Uitenhage in Südafrika vom Band. Die Zukunft gehört der neuen Generation.

Ob für rollende Partys, Junggesellen-Abschiede, PR-Aktionen oder Hochzeiten: Die liebevoll „Luise" genannte Stretchlimo auf T3-Basis bietet im üppig mit Leder ausgeschlagen Partyraum mehrere Getränkekühler, einen 47-Zoll-LED-Bildschirm und groß dimensionierte Bass-Lautsprecher, die an eine 7600-Watt-Soundanlage angeschlossen sind.

In gut 5000 Arbeitsstunden entstand im Jahre 2012 die 8,50 Meter lange rollende Partymeile, für die vier T3-Busse der Baujahre 1986 bis 1990 ihr Bestes gaben. Als Antrieb dient ein V6-Turbodiesel mit 2,5 Litern Hubraum und 180 PS aus dem Passat.

Der 1985 vorgestellte Multivan vereinte die Vorzüge einer Limousine mit denen eines Kleinbusses. Der hier gezeigte T3 Typ 253 Multivan mit dem seinerzeit neu entwickelten 70-PS-Turbodiesel lief 1986 vom Band und wurde von seinem heutigen Besitzer in mühevoller Kleinarbeit aufwändig restauriert.

Als universell einsetzbarer Fensterbus fand der Kombi Typ 253 die meiste Verbreitung aller T3-Modellvarianten. Das hier gezeigte Fahrzeug präsentiert sich im unrestaurierten Originalzustand und ist seit seiner Erstzulassung im Jahr 1987 ununterbrochen in Familienbesitz.

Um ein ehemaliges Servicefahrzeug der Deutschen Bundesbahn handelt es sich bei diesem, bereits 1994 in Eigenleistung zum Campingwagen umgebauten T3-Kombi. Das Fahrzeug stammt aus dem Jahr 1987 und wurde von seinem heutigen Besitzer unter anderem mit einem Raimo-Hubdach nachgerüstet.

Zu den gesuchtesten T3 gehören heute die Sondermodelle der Star-Edition. Die Abbildung zeigt einen in Eigenleistung restaurierten „Blue Star", bei dessen Ausgestaltung des Innenraums bewusst eine sehr persönliche Note eingebracht wurde.

Inzwischen äußerst selten sind gut erhaltene T3 mit Einfachleuchten, deren Lichtausbeute allerdings deutlich hinter denen der moderneren Doppelscheinwerfer zurücksteht. Der hier abgebildete T3 Typ 253 Multivan erblickte im Jahr 1987 das Licht der Welt und befindet sich im teilrestaurierten Erhaltungszustand.

Die Version „Carat" war das Luxusmodell des T3. Zum Teil drehbare Einzelsitze mit Veloursbezug, üppige Bodenteppiche und ein Tisch versprühen im Innenraum noch heute ein luxuriöses Ambiente. Außen sorgen spezielle Kunststoffanbauteile und Alufelgen für einen hohen Wiedererkennungswert. Das hier gezeigte Exemplar eines T3 Typ 255 Caravelle Carat wurde 1989 an seinen Erstbesitzer ausgeliefert.

Erst 2017 aufwändig restauriert, hält dieser T3 Typ 251 Kastenwagen von 1990 die Erinnerung an die typischen Service- und Werbefahrzeuge seines Jahrzehnts wach. Das Fahrzeug konnte aus dem Erstbesitz eines Metzgereibetriebes übernommen werden und wird noch heute vom originalen 70-PS-TD-Motor angetrieben.

Das 1992 bei Steyr Puch gebaute Sondermodell „Limited Last Edition" markierte das offizielle Ende des T3. Das hier gezeigte Fahrzeug ist die Nr. 1749 von insgesamt 2500 Exemplaren. Die Auslieferung erfolgte jedoch nicht chronologisch, sondern nach einem internen Nummernschema.

Inzwischen äußerst rar sind T3 Pritschenwagen, wie dieses ehemalige Baustellenfahrzeug von 1989. Das heute von einem 116 PS starken Golf GTI-Motor befeuerte Nutzfahrzeug wurde in Eigenleistung restauriert und im Fahrwerksbereich dezent der neuen Leistungsklasse angepasst.

Rechte Seite, oben: Mit einem Neuwagenpreis von rund DM 60.000,- verkörperte der Dehler Profi des gleichnamigen Mescheder Yacht- und Fahrzeugherstellers das Luxusmodell unter den T3-Campingwagen. Das hier gezeigte Exemplar stammt aus dem Baujahr 1983. Unrestauriert und im nahezu perfekten Erhaltungszustand gehört dieser Bus zu den inzwischen sehr gesuchten T3-Raritäten.

Rechte Seite, unten: Mit dem von Westfalia ausgestatteten Campingwagen knüpfte VW nahtlos an die erfolgreichen Freizeitmobile der beiden Vorgängerbaureihen an. Das hier gezeigte Fahrzeug mit Ausstelldach stammt aus dem Baujahr 1987 und wurde bei seiner Restaurierung 2017 optisch individualisiert.

Links: Dieser im unrestaurierten Originalzustand erhalten gebliebene T3 Typ 245 Pritschenwagen mit 50 PS Leistung stammt aus dem Bestand der Polizei Berlin. Das 1984 zugelassene Fahrzeug war einst auf dem Zentralen Schießplatz im Einsatz, weshalb es nicht über die für einen Polizeiwagen typischen Signaleinrichtungen verfügte.

Um ein ehemaliges Handwerkerfahrzeug aus elfter Hand (!) handelt es sich bei diesem extravaganten T3 Typ 247 Doppelkabine von 1984. Die von einem 1,9-I-TD-Motor mit 80 PS angetriebene Doppelkabine wurde komplett neu aufgebaut, wobei man besonderen Wert auf eine sportive Optik gelegt hat.

Damals wie heute zählt die Campingausführung zu den beliebtesten T3-Ausstattungsvarianten, verbindet sie doch großen Alltagsnutzen mit hohem Freizeitwert. Der hier vorgestellte Westfalia-Campingwagen (Typ 254) mit 70 PS starkem TD-Motor ist Baujahr 1986 und wurde gut 30 Jahre nach seiner ersten Inbetriebnahme aufwändig restauriert.

Zu den leitungsstärksten T3 überhaupt zählt zweifellos diese im eigenen Betrieb neu aufgebaute 1990er Doppelkabine. Als Antrieb dient ein aus dem Audi A8 entliehenes V8-Triebwerk mit 330 PS Leistung, das nicht nur im Anhängerbetrieb für einen atemberaubenden Vortrieb sorgt.

Rechts: Als Transportfahrzeug für den Heißluftballon eines Süßstoffherstellers fungierte einst diese unrestaurierte Doppelkabine aus dem Jahr 1989. Das Fahrzeug wird heute von einem 2,1-l-Motor mit 112 PS Leistung befeuert und verfügt als Besonderheit über ein nachträglich montiertes Faltschiebedach.

In seinem früheren Leben war dieser T3 Typ 251 (BP) Hochraumtransport aus dem Jahr 1992 als Telekom-Servicefahrzeug und Eiswagen unterwegs. Das Fahrzeug wurde von seinem heutigen Besitzer restauriert, wobei der serienmäßige 57 PS starke Saugdiesel gegen einen 1,9-l-Turbodiesel mit 80 PS getauscht wurde.

1985 debütierte der Multivan und entwickelte sich sehr schnell zum Bestsel-
ler, da er die Vorzüge einer Limousine mit denen eines Kleinbusses vereinte.
Das abgebildete, teilrestaurierte Fahrzeug lief im Jahr 1988 vom Band und
wird noch heute von seinem originalen 2,1-Liter-wbx-Motor angetrieben.

Aus dem Fahrzeugbestand eines Installationsbetriebes kommt dieser aus zweiter Hand übernommene T3 Typ 251 Kastenwagen. Das Fahrzeug aus dem Baujahr 1982 wird seit seiner Komplettrestaurierung von einem 90 PS starken 1,9-l-TDI-Motor angetriebe

Campingumbauten haben in der Transporter-Szene eine lange Tradition. Zu einem sportlichen Camper umgerüstet wurde auch dieser umfangreich restaurierte T3 Typ 253 Kombi von 1983. Als Antrieb dient der allseits bewährte 1,9-l-Saugdiesel mit 64 PS Leistung aus dem VW-Regal.

Dieser sportlich-elegante Multivan wurde von seinem Besitzer bereits 2006 restauriert und weist seitdem eine Laufleistung von gerade einmal 33.000 km auf. Für eine der schnellen Optik angemessene Fahrleistung sorgt ein 116 PS starker Antrieb samt Bremsanlage aus dem Audi A6.

Noch im Originalzustand und Erstlack ist dieser sportive Bluestar von 1990 ein eindrucksvolles Beispiel für die sprichwörtliche Zuverlässigkeit des VW-Transporters. Dank Sportfahrwerk und auffälliger Folierung kommt das Fahrzeug optisch schneller daher, als es der originale 70-PS-TD-Motor zulässt.

Zu den edelsten Erscheinungen in der T3-Szene gehört zweifellos dieser komplett restaurierte Magnum aus dem Jahr 1989. Auch im Innenraum wartet der Kleinbus mit einer stilsicheren Mixtur aus Multivan- und Caravelle-Ausstattungselementen auf.

Um ein Einzelstück handelt es sich bei diesem ursprünglich
als Vorstandsfahrzeug der Volkswagen AG genutzten Syncro,
der seinem Verwendungszweck entsprechend über alle Aus-
stattungsoptionen und technischen Optimierungen verfügt,
die das damalige VW-Regal modellübergreifend hergab.

Recht martialisch wirkt dieser höher gelegte Syncro aus dem Jahr 1989, der ursprünglich als Servicefahrzeug einer Sparkasse im Einsatz war. Der Allradbus befindet sich inzwischen in vierter Hand und wird von einem 112 PS starken Wasserboxer(wbx)-Motor versorgt.

DIE
BULLI
ZUKUNFT

Neue Konzepte

Bei dem 2001 im kalifornischen VW-Design-Center entworfenen „VW Microbus" setzte man ganz auf eine von T1 und T2 inspirierte Formensprache. Angetrieben wurde das bereits seriennah entwickelte Konzeptfahrzeug vom bewährten VR6-Motor mit 230 PS aus dem Passat.

Ungeachtet des weltweiten Verkaufserfolgs ihrer Transporter T4 bis T6, plant die Volkswagen AG bereits seit der Jahrtausendwende die Etablierung eines darunter angesiedelten Lifestyle-Busses, der die Eigenschaften eines Alltagsautos mit den Vorzügen eines wieder emotionaleren Freizeitmobils ganz in der Tradition von T1 und T2 verbinden soll.

Bereits auf der North American International Auto Show 2001 in Detroit stellt Volkswagen mit dem fahrfähigen „VW Microbus" einen seriennahen Großraumwagen im Retrolook vor, der zahlreiche Designelemente der beiden ersten Bulli-Generationen aufgreift und als Alternativmodell zwischen Sharan und T5 positioniert werden soll. Angetrieben

wird das immerhin 4,72 m lange Raumwunder vom aus dem Passat bekannten VR6-Motor mit 230 PS.

Der Microbus (so hieß bereits der T1 in den USA) wurde im kalifornischen VW-Design-Center entworfen und ist wie der Golf-Ableger Beetle vorrangig für den amerikanischen Markt bestimmt. Dennoch soll er im Transporter-Stammwerk Hannover gebaut und – sofern die Publikumsreaktion positiv ausfällt – auch in Europa angeboten werden. Hierfür planen die Wolfsburger, den Standort Hannover grundlegend zu restrukturieren und 1500 neue Arbeitsplätze mit einem eigenen Haustarif im noch zu gründenden Tochterunternehmen „Auto 5000" zu schaffen. Der Produktionsbeginn ist für das Jahr 2005 terminiert. Die Jahreskapazität soll bei rund 80.000 Fahrzeugen liegen, von denen rund 70 Prozent für die USA bestimmt sind. Allerdings kommt bereits im März 2005 das vorzeitige Aus für dieses Projekt.

Statt des Microbus wird nun ein deutlich europäischer wirkender Kleinbus projektiert, der ab 2007 vom Band laufen und aus Kostengründen mehr Bauteile aus dem T5-Regal verwenden soll. Doch auch dieses Projekt hat keine Zukunft: Bereits 2006 verkündet der Markenvorstand, auch diese Version nicht bauen zu wollen, da sie zu schwer, zu teuer und zu stark am Nutzfahrzeug orientiert sei. Das Microbus-Projekt wird vorerst auf Eis gelegt, um erst im Jahr 2011 wiederbelebt zu werden.

Auf dem Genfer Automobil-Salon 2011 präsentiert Volkswagen schließlich mit dem

„e-Bulli" ein Aufsehen erregendes Konzept-fahrzeug mit einem umweltfreundlichen Elektroantrieb. Dieser bezieht seine Leistung aus einer 40 kWh großen Lithium-Ionen-Bat-terie und mobilisiert dabei umgerechnet 115 PS Leistung und ein Drehmoment von maxi-mal 270 Nm. Der e-Bulli beschleunigt in 11,5 Sekunden von 0 auf 100 km/h und erreicht eine Höchstgeschwindigkeit von elektronisch abgeregelten 140 km/h. Das Armaturenbrett ist komplett digital gehalten: Anstelle von Knöpfen und Hebeln gibt es lediglich einen Touchscreen und ein digitales Kombiins-trument. Mit einer Länge von nur 3,99 m und einer Breite von 1,75 m ist der e-Bulli deutlich kompakter als ein T5 und dank des klein bauenden Elektroantriebs stehen selbst mit sechs Insassen noch stattliche 370 Liter Kofferraumvolumen zur Verfügung. Ange-sichts dieser verlockenden Zahlen wittern die VW-Händler bereits ein gutes Zusatzge-

schäft, doch wieder einmal verfolgt Volkswa-gen das Konzept nicht intensiv weiter.

Erst fünf Jahre später zeigen die Wolfsburger Autobauer auf der Consumer Electronics Show 2016 in Las Vegas den Konzeptbus „Budd-E", dessen Name eine Kombination aus dem englischen Wort für „Kumpel" und dem elektrischen Antrieb ist. 2017 stellt Volkswagen die Weiterentwicklung „VW I.D. Buzz" vor. Bereits auf den ersten Blick sind die optischen Anleihen an den T1 zu erkennen, womit Volkswagen wieder zum Retrodesign zurückkehrt. Hinten besitzt der Elektro-Bulli platzsparende Schiebetüren, die wie alle Türen und Hauben elektrisch betätigt sind. Dank des kompakten Elektro-motors ist Platz für zwei Kofferräume: Vorne können 200 Liter Gepäck untergebracht werden; im Heck sogar zwischen 660 und 4600 Liter. Konzipiert als multivariabler

Mit einer Gesamtlänge von 4,72 m war der Microbus fast 20 cm kürzer als ein T5. Rund 70 Prozent der Ge-samtproduktion der zwi-schen Sharan und T5 ange-siedelten Großraumlimousi-ne sollten auf dem US-amerikanischen Markt abgesetzt werden.

2016 stellte VW in Las Vegas den Konzeptbus „Budd-E" vor, dessen Name aus dem englischen Wort für „Kumpel" und dem E-Antrieb abgeleitet wurde. Während das neuartige modulare Baukastensystem des E-Antriebs sofort zu begeistern wusste, sorgte dagegen das an betagte US-Vans erinnernde Kastendesign nicht nur in der Fachpresse für Verwunderung.

Von außen deutete beim Budd-E nichts auf den Batterieantrieb hin: Durch den für Elektroautos eher untypischen Kühlergrill unterschied sich der „Elektrokumpel" optisch nur unwesentlich von einem konventionellen Kleinbus. „Betankt" wurde er entweder mit Ladestecker oder per induktiver Schnittstelle.

Sämtliche Türen verfügten über nicht sichtbare, sensorgesteuerte Türöffner, die im Zusammenspiel mit den durch Kameras und Monitore ersetzten Außenspiegeln für ein sehr futuristisches Erscheinungsbild sorgten.

Der 2011 präsentierte „e-Bulli"
verfügte bereits über einen teil-
modularen Elektroantrieb mit
über den gesamten Fahrzeugboden verteilten Hochleistungs-
batterien. Dadurch erzielten die
Entwickler nicht nur eine opti-
male Raumausnutzung, sondern
auch eine nahezu perfekte Gewichtsverteilung.

Bereits auf den ersten Blick als Neuinterpretation des T1 zu erkennen ist der 2017 vorgestellte „I.D. Buzz", mit dem die VW-Designer wieder zum deutlich emotionaleren Retrodesign zurückkehrten. Seine Serienfertigung ist für das Jahr 2022 vorgesehen.

Elektro-Van mit bis zu acht Sitzplätzen, deckt der neue Stromer mit seiner stattlichen Länge von 4,90 m die gesamte Bandbreite vom Familienauto bis zum trendigen Surfmobil ab. Dafür dass der Urlaubsstrand auch zeitnah erreicht wird, sorgt zunächst der Antrieb aus dem E-Golf. Inzwischen ist der I.D. Buzz mit modernster E-Technik mit Allradantrieb bestückt. Auf der Vorderachse ruht ein zweiter Elektroantrieb, der zusammen mit dem Hinterachsmotor eine Gesamtleistung von umgerechnet 374 PS generiert. Der I.D. Buzz basiert auf einer komplett neuen Fahrzeugarchitektur, dem so genannten „Modularen Elektrifizierungsbaukasten". Die neue Fahr-

zeugarchitektur des I.D. Buzz ermöglicht einen sehr langen Radstand von 3,30 m, der einen in dieser Klasse bislang unerreichten Langstreckenkomfort verspricht. Um einen dennoch akzeptablen Wendekreis zu erreichen, werden die Hinterräder mitgelenkt.

Angekündigt ist die Serienproduktion des I.D. Buzz für das Jahr 2022. Dann mit einem gänzlich überarbeiteten Elektroantrieb und einer Akkureichweite von bis zu 600 Kilometern. Auch ein Kastenwagen ist in Planung. Sofern Volkswagen den Retrolook bis zum Stapellauf tatsächlich beibehält, wäre der T1 damit zurück in der Zukunft.

Auch wenn der I.D. Buzz deutlich länger als das Original ist, weckt seine Silhouette unweigerlich Erinnerungen an den T1. Bulli-typisch setzt Volkswagen auch beim neuen Elektrobus auf eine seitliche Schiebetür für einen optimalen Nutzwert.

So stellt sich Volkswagen die automobile Zukunft ohne Abgasproblem vor: I.D. Buzz als trendiges Surfmobil im Kreise seiner elektrischen „Brüder" „VW I.D." und „VW I.D. Crozz" vor dem Surfside in Venice, Kalifornien.

TECHNISCHE DATEN

Technische Daten Transporter T1

	1100	1200	1200	1500	1500
Motor	4-Zylinder-Boxermotor				
Hubraum	1131 cm³	1192 cm³		1493 cm³	
Bohrung x Hub	75x64 mm	77x64 mm		83x69 mm	
Nennleistung	18,4 kW	22 kW	25 kW	30,9 kW	32,3 kW
PS bei U/min	25/3300	30/3400	34/3600	42/3800	44/4000
Antrieb	Hinterradantrieb (untersetzt)				
Gemischaufbereitung	1 Solex-Fallstromvergaser				
Ventilsteuerung	Stoßstangen und Kipphebel, zentrale Nockenwelle, stirnradgetrieben				
Motorkühlung	Luftkühlung mit Gebläse				
Getriebe	manuelles 4-Gang-Getriebe				
Radaufhängung vorne	Kurbellenkerachse mit Bundbolzen, 2 querliegende Federstäbe				
Radaufhängung hinten	Pendelachse, Längslenker, querliegende Federstäbe				
Bremsanlage	hydraulisch betätigte Trommelbremsen vorne und hinten				
Abmessungen LxBxH	4190x1725x1940 mm (Kastenwagen)				
Radstand	2400 mm (Kastenwagen)				
Karosserieaufbau	selbsttragende Ganzstahlkarosserie mit Längs- und Querträgern				
Leergewicht	990 kg (Kastenwagen mit Fahrer)				
Vmax	85 km/h	90 km/h	95 km/h	105 km/h	110 km/h

T1 SO-Modelle

SO 1   Fahrbarer Kiosk (Westfalia)
SO 2   Fahrbarer Kiosk mit Hochdach
SO 3   Fahrbares Polizeibüro bzw. Unfallaufnahmefahrzeug
SO 4   Polizei-Unfallaufnahmefahrzeug (ab 1965)
SO 5   Kühlwagen mit 140 mm dicker Isolierung
SO 6II   Kühlwagen mit 80 mm dicker Isolierung
SO 6III   Kühlwagen für Fleischprodukte
SO 7   Kühlwarentransporter mit Gefriereinrichtung
SO 9   Pritschenwagen mit Hublift
SO 10   dito, aber kleinerer Hublift
SO 11   Pritschenwagen mit Drehleiter
SO 12   Pritschenwagen mit Rollläden statt Klappe vor dem Staufach
SO 13   Pritschenwagen mit verschließbarem Kasten auf der Ladefläche
SO 14   Pritschenwagen mit Halterung für lange Ladegüter (auch für Kombi und Kastenwagen)
SO 15   Pritschenwagen mit hydraulisch kippbarer Ladefläche
SO 16   Umbau auf Doppelkabine (Binz, 1953-59)
SO 19   Präsentationsfahrzeug
SO 21   Pritschenwagen mit breiter Ladefläche (ab 1965)
SO 21   Kastenwagen mit variablem Regalsystem Fabrikat Wido

SO 22   Westfalia Camping-Box, später Camping-Mosaik
SO 23   Westfalia Campingwagen mit kleiner Dachluke
SO 24   Pritschenwagen mit Nachläufer für lange Transportgüter (Einzel- oder Doppelkabine)
SO 25   Pritschenwagen mit niedrigerer Ladefläche
SO 29   Krankenwagenanhänger mit Notfallausrüstung (bis 1964)
SO 29   Katastrophen- und Notfall-Einsatzfahrzeug
SO 30   Rollschlitten zum Grubenschleifkorb für Krankenwagen
SO 31   Pritschenwagen mit Heizöltank und Pumpe
SO 32   Pritschenwagen mit mittels Rollladen abschließbarem Kasten auf der Ladefläche
SO 33   Westfalia-Campingwagen mit kleiner Dachluke
SO 34   Dito, mit weißer Kunststoffausstattung
SO 35   Wie SO 33, mit Verkleidungen in dunklem Holz
SO 36   Seitlich anhebbares Dach für Typen 22 und 24
SO 42   Westfalia-Campingwagen
SO 44   Westfalia-Campingwagen mit kleinem Hubdach
SO 45   Westfalia-Campingausbau „Camping Mosaik", wie SO 42, aber mit Holzausstattung

Technische Daten Transporter T2

	1600	1600	1700	1800	2000
Motor	4-Zylinder-Boxermotor				
Hubraum	1584 cm³		1679 cm³	1795 cm³	1970 cm³
Bohrung x Hub	55x69 mm		90x66 mm	93x66 mm	94x71 mm
Nennleistung	34,6 kW	36,8 kW	48,5 kW	50 kW	51,5 kW
PS bei U/min	47/4000	50/4000	66/4800	68/4200	70/4200
Antrieb	Hinterradantrieb				
Gemischaufbereitung	1 Solex-Fallstromvergaser		2 Solex-Fallstromvergaser		
Ventilsteuerung	Stoßstangen und Kipphebel, zentrale Nockenwelle, stirnradgetrieben				
Motorkühlung	Luftkühlung mit Gebläse				
Getriebe	manuelles 4-Gang-Getriebe		manuelles 4-Gang-Getriebe/ auf Wunsch 3-Gang-Automatikgetriebe		
Radaufhängung vorne	Einzelradaufhängung mit Doppelkurbellenkern, Querstabfedern				
Radaufhängung hinten	Schräglenkerhinterachse, Querstabfedern				
Bremsanlage	hydraulisch betätigte Scheibenbremsen vorne, Trommelbremsen hinten				
Abmessungen LxBxH	4420x1765x1955 mm (Kastenwagen)				
Radstand	2400 mm (Kastenwagen)				
Karosserieaufbau	selbsttragende Ganzstahlkarosserie mit Längs- und Querträgern				
Leergewicht	1175 kg (Kastenwagen mit Fahrer)				
Vmax	105 km/h	110 km/h	125 km/h	127 km/h	127 km/h

Technische Daten Transporter T3

	1,6	2,0	1,9 DF	1,9 DG	2,1 MV/SS	2,1 DJ	1,6 D	1,6 TD	1,7 D
Motor	4-Zylinder-Boxermotor (Benziner)						4-Zylinder-Reihenmotor (Diesel)		
Hubraum	1584 cm³	1970 cm³	1913 cm³	1913 cm³	2109 cm³	2109 cm³	1588 cm³	1588 cm³	1715 cm³
Bohrung x Hub	85,5x69,0 mm	94,0x71,0 mm	94,0x68,9 mm	94,0x68,9 mm	94,0x76,0 mm	94,0x76,0 mm	76,5x86,4 mm	76,5x86,4 mm	79,5x86,4 mm
Nennleistung	37 kW	51 kW	44 kW	57 kW	70 kW	82 kW	37 kW	51 kW	42 kW
Antrieb	Hinterradantrieb								
Gemischaufbereitung	1 Solex-Fallstrom-vergaser	2 Solex-Fallstrom-vergaser	1 Solex-Fallstrom-vergaser	1 Solex-Fallstrom-register-vergaser	digitale Ein-spritzanlage Digifant	digitale Ein-spritzanlage Digijet	Verteiler-Einspritz-pumpe	Verteiler-Einspritz-pumpe mit Turbolader	Verteiler-Einspritz-pumpe
Motorkühlung	Luftkühlung		Wasserkühlung						
Getriebe (Serie)	4-Gang				5-Gang		4-Gang		
Getriebe (optional)		3-Gang-Automatik	5-Gang	5-Gang/ 3-Gang-Automatik	3-Gang-Automatik		5-Gang		
Radaufhängung vorne	Doppelquerlenker, progressive Schraubenfedern, Stabilisator, Teleskopstoßdämpfer, bei Syncro: Fahrschemel für Vorderachsge-triebe mit Visco-Kupplung								
Radaufhängung hinten	Schräglenker, Miniblockfedern, Teleskopstoßdämpfer								
Bremsanlage	Scheibenbremsen vorne, Trommelbremsen hinten, Bremskraftverstärker und -regler, ab 1986 optional ABS								
Abmessungen LxBxH	4570x1845x1965 mm (Kastenwagen)								
Radstand	2460 mm (Syncro: 2455 mm/mit 16-Zoll-Fahrwerk 2480 mm)								
Karosserieaufbau	selbsttragende Ganzstahlkarosserie mit Längs- und Querträgern, vorne Stoßfänger-Deformationselemente								
Leergewicht	Kasten/Kombi/Pritsche: 1395 kg; Hochraum-Kombi: 1445 kg; Großraum-Pritsche: 1490 kg; Doppelkabine: 1450 kg; Kombi L und Caravelle: 1480 kg; Caravelle GL: 1510 kg; Carat: 1730 kg								
Vmax	110 km/h	127 km/h	118 km/h	130 km/h	141 km/h	150 km/h	103 km/h	127 km/h	115 km/h

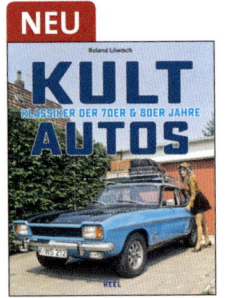

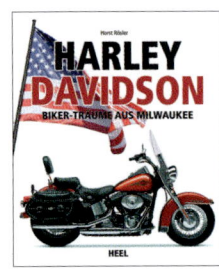

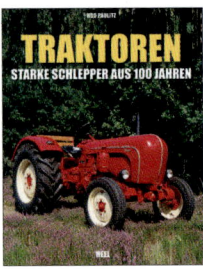
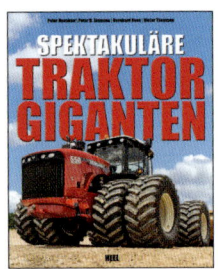

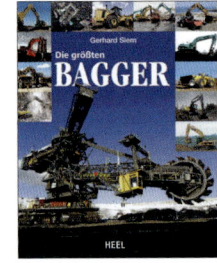

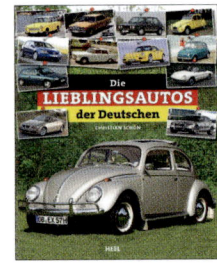